国家林业和草原局普通高等教育“十三五”规划教材

食品微生物学实验

（第2版）

梁志宏　陈晶瑜　主编

中国林業出版社

内容简介

本书分3篇，包括基础微生物学实验、食品安全相关的微生物学实验以及食品营养加工相关的微生物学实验。每一个实验都包含了实验目的和原理、实验流程和步骤、实验结果和注意事项等。

全书涉及52个实验，仍然保持实验间可分可合的特点。本书主要目的是扎实掌握第一篇基本实验技能，第二篇和第三篇是对第一篇基本实验的重复应用和拓展，具有一定的挑战性。实验后思考题主要针对该实验习得的测试，附录G的综合思考题是针对未来深造需要掌握的重点和难点。

本书可作为高等院校食品科学与工程相关专业，如食品科学专业、食品安全专业、葡萄酒专业、食品生物技术专业、生物与医药专业等的实验课程教材，也可以作为相关产品开发和科研训练的参考用书。

图书在版编目（CIP）数据

食品微生物学实验／梁志宏，陈晶瑜主编．—2版．—北京：中国林业出版社，2021.4
国家林业和草原局普通高等教育“十三五”规划教材
ISBN 978-7-5219-1119-0

Ⅰ.①食… Ⅱ.①梁… ②陈… Ⅲ.①食品微生物-微生物学-实验-高等学校-教材
Ⅳ.①TS201.3-33

中国版本图书馆CIP数据核字（2021）第062283号

中国林业出版社·教育分社

策划、责任编辑：高红岩　　**责任校对**：苏　梅
电　　话：（010）83143554　　**传　　真**：（010）83143516

出版发行　中国林业出版社（100009　北京市西城区德内大街刘海胡同7号）
E-mail：jiaocaipublic@163.com　电话：（010）83143500
http：//www.forestry.gov.cn/lycb.html
经　　销　新华书店
印　　刷　北京中科印刷有限公司
版　　次　2013年12月第1版（共印2次）
2021年5月第2版
印　　次　2021年5月第1次印刷
开　　本　787mm×1092mm　1/16
印　　张　11.5
字　　数　270千字　**音视频**：76分钟　**图片**：65幅　**其他数字资源**：450千字
定　　价　33.00元

《食品微生物学实验》（第2版）编写人员

主　编　梁志宏　陈晶瑜
副主编　李铁晶　索化夷　郑　艳
编　者　（按姓氏拼音排序）
陈晶瑜（中国农业大学）
杜　鹏（东北农业大学）
谷新晰（河北农业大学）
霍乃蕊（山西农业大学）
梁志宏（中国农业大学）
李丽杰（内蒙古农业大学）
李铁晶（东北农业大学）
李茜茜（上海应用技术大学）
李晓娇（滇西科技师范学院）
刘素纯（湖南农业大学）
石晶红（河套学院）
索化夷（西南大学）
张华江（东北农业大学）
郑　艳（沈阳农业大学）
郑海涛（中国农业大学）

教材数字资源使用说明

为更好满足高等院校专业实验课程教学需求，本书部分实验完全采用二维码方式展示，有需求的师生可扫描二维码完成学习。且每个实验均设有二维码，主要为课件、操作视频、实验图片、参考资料。

二维码旁设有图标，标识如下：

实验内容

课件

关键实验视频

典型实验图片

参考资料

第 2 版前言

自 2012 年《食品微生物学实验》问世以来，至今已有 8 年。时光荏苒，不仅食品领域的研究内容与教学教材的发展日新月异，而且许多院校已将“食品微生物学实验”作为一门独立的课程开设，并配合开展了各级各类的科研训练。为此，本书在前版的基础上，秉承一直坚持的“一线教师编写经典实验教科书”的原则，共同努力并进行了诸多尝试，完成此次再版。

同样还是三大篇，同样没有放弃可分可合的实用组合理念，为了教学方便，以及其他读者的适用性，新增了 9 个实验，同时增加了关键点的电子材料，以及电子课件，并且在纸版篇幅上进行调整，保留最基本的教学实验，将重要但不常用的实验转化为电子文件以二维码形式呈现，第 1 版实验的参考资料部分转换为二维码形式呈现，拓展本书的应用范围，使本书真正成为一部便携又全面的参考工具，所幸科学的发展使这一切成为可能。简要概括本版特点如下：①依据参编院校培养方案汇编，纸版尽可能符合教学内容，二维码呈现的电子文件作为科研训练等参考内容；②增加电子课件，便于大家预习，并在课程中提出问题，更好地完成实践训练；③增加实验对应的操作视频和实验结果图片，便于自学和参考；④采用二维码形式扩充书籍涵盖范围，方便学生使用；⑤增加食品微生物学实验专业育人的内容等。

第 2 版邀请陈晶瑜、石晶红、李晓娇、李茜茜等优秀的一线老师加入本书编写大家庭，我们建立微信群，我们送别国外深造的老师，我们提交初稿并不断反馈。本书的编写团队扩展到北京、重庆、河北、黑龙江、吉林、辽宁、内蒙古、山西、上海、云南等地，本书使大家凝聚到一起，我们会第一时间共同分享成书的喜悦。

考虑到电子材料的个性化特点以及教材的统一性原则，大家均不厌其烦多次修改、重新拍摄视频、图片，特此表达敬意！中国农业大学食品微生物教研室的李旭晖硕士等全程参与视频拍摄及整理，高婧博士、刘端木硕士、徐新格硕士、赵自通博士、明玥硕士等参与多次校对，一并表示感谢！同时也十分感谢如此专业的展示实验技能的老师和同学们！

该书在出版过程中历经坎坷，感谢编辑们的付出，尤其是高红岩编辑认真到近乎于严苛的精神值得我们学习，好事多磨，终于要成书付梓了。

限于编者水平，书中若有疏漏，真诚请专家、同行及广大读者批评指正。

梁志宏

2020 年 8 月于北京

第 1 版前言

当你关注食品安全，倾心食品科学或者已经进入相关领域深造的时候，时常会涉猎微生物学的相关知识，是否有时对其中的某些概念、原理不甚理解？实验的主要功能就是证实或证伪，好的实验不仅能够使你更好地理解课程知识，也会启迪你未来的科研探索之路。理论上的知识点需要用实验夯实，这就是实验性学科的基本特点，也是目前高等教学教育、研究教育以及大众食品安全普及教育的基础。

《食品微生物学实验》的宗旨是紧扣食品微生物教学的基本特点，结合目前的食品微生物领域的研究进展，突出实践性、应用性。

本书分为 3 篇，包括食品微生物学基本实验技术（包括微生物显微观察技术、微生物染色技术、微生物的分离纯化与接种技术、微生物的生理生化反应、综合实验）、食品安全的微生物检验技术（包括食品微生物常规检测、食品中致病菌检测、动物性食品中微生物检测、毒素/诱变剂检测）和食品微生物应用技术。本书中所列实验主要是对微生物学的基本概念和原理的证实性实验。本书编者多年从事食品微生物科研、教学工作，书中的实验细节和注意事项是十多年教育工作的总结，具有很好的指导价值。

本书的特点是每个实验都设计为独立完整的小实验，也可以几个相关实验整合起来作为一个综合性实验，可分可合、具有灵活性，未尽相关内容作为参考资料附在实验后面，利于主体实验内容的理解和延伸。例如，实验 1、实验 2 在实际操作中可以合并完成，实验 3、实验 5 可以合并，实验 4、实验 10 也可以合并，等等，参考者可以依据院校的实际情况进行合并取舍。综合实验是为了适应目前本科生的科研实践训练项目，综合实验课程的知识点，结合目前的研究或应用热点而制订，目的是培养学生的分析问题、解决问题的实践能力，适合高等教育领域的学生完成一些探索性实验。

本书编写分工如下：张华江老师负责编写实验 1、2、3、4、25；谷新晰老师负责编写实验 5、6、7、8、9、10；李丽杰老师负责编写实验 11、21、22、24、41 和附录 F（常用玻璃器皿的清洗和包扎）；郑海涛老师负责编写实验 12、33、35 和附录 E（微生物实验常用设备介绍）；李铁晶老师负责编写实验 12、16、20、31、42；郑艳老师负责编写实验 13、14、20、23；杜鹏老师负责编写实验 15、32、39；霍乃蕊老师负责编写实验 17、18、19、38、43；索化夷老师负责编写实验 26、27、28、29、30；刘素纯老师负责编写实验 34、36、40；梁志宏老师负责编写实验 13、14、19、25、33、35、37、43 和“微生物学实验操作守则”。梁志宏老师、李丽杰老师、石丽敏硕士、师磊硕士共同完成附录 A（常用培养基）、附录 B（常用试剂染液）、附录 C（常用表格）、附录 D（文中菌株名称的中文/拉丁文对照）的整理工作，本书的统稿工作由梁志宏老师完成。

本书的编写得到了各参与院校和单位的支持与关爱，中国林业出版社的领导和编辑做了大量辛勤和细致的工作，在此致以衷心的感谢！编写过程中，我们参考了国内外相关文献资料，再次向前辈和同行致敬，也向参与查阅资料的石丽敏硕士和师磊硕士表示感谢！

由于编者水平有限，书中疏漏在所难免，真诚希望专家、同行及广大读者批评指正。

梁志宏
2013 年 8 月

目　录

微生物学实验十条守则

实验前（预习实验，了解实验目的、原理、方法，熟记操作流程）

（1）穿工作服，必要情况须配戴工作帽、口罩。

（2）不允许携带饮料、食品进入实验室，不仅仅是工作区。

（3）头发束结以免影响实验并保证人身安全。

实验中（认真做好记录，对于连续观察实验也要实时做好记录，以备分析数据）

（4）实验中请勿擅自离开座位和操作区，除了实验手册、实验报告和笔，其他用具一律不准带入工作区。

（5）实验材料定点放置。实验中含有培养物的试管，实验后含培养物的培养皿、接种工具等都要按照指导教师的要求定点放置，消杀处理。

（6）实验操作过程中手和仪器要远离脸部；为了防止随机感染，也不要触摸头发、脸、眼睛等部位。

（7）无论何时都要严格执行无菌操作技术。实验前后都要按照指导教师的要求对操作区进行消毒。

实验后（及时提交实验报告，结果真实可靠，术语应用准确）

（8）“洁净”是微生物实验室的原则。实验结束后在实验室管理人员的指导下，安排实验人员进行清洁和整理工作。

（9）所有实验相关器皿、材料均不可携带离开实验室。

（10）离开实验室前要洗手。最后离开的人员检查门窗水电并锁门。

特别注意事项：①一些微生物在某些状态下可能是潜在的病源。②要注意实验用火焰、玻璃仪器和化学药品的可能危害性。③实验室发生的任何安全相关的事情都要向指导老师汇报。

第 1 篇

食品微生物学基本实验技术

食品微生物学是微生物学在食品领域的分支，其建立在普通微生物学的实验基础之上，是普通微生物基本实验技能在食品科学领域的具体应用，因此食品微生物学的基本实验技术囊括了普通微生物学的六大基本技术——显微观察技术、染色技术、分离纯化技术、接种技术、生理生化实验、菌种保存技术。

本书第 1 篇就是依据该体系，设立了微生物显微观察技术(包含 4 个实验)、微生物染色技术(包含 6 个实验)、微生物培养与保藏技术(包含 5 个实验)、微生物生理生化常规检定技术(包含 4 个实验)、微生物免疫学实验技术(包含 3 个实验)和 2 个综合实验，该篇合计有 24 个独立的实验。其中，18 个实验可查阅本实体书，6 个实验列入二维码中作为参考实验。

微生物显微观察技术

微生物是一类个体微小、结构简单的生物类型，必须借助工具才能够观察到其个体形态，这个工具就是显微镜。微生物显微观察技术就是利用不同类型的显微镜，获得目标微生物的清晰影像及图像资料。

微生物显微观察技术的发展取决于显微镜功能的提升和目标微生物处理水平的提高(见微生物染色技术)。显微镜波束来源有光波和电磁波，显微镜波束为光波的称为光学显微镜，波束为电磁波的统称电子显微镜。

光波只能对大于其波长的物体造象，目前的光学显微镜放大和分辨率已经越来越接近其极限，最高可将观察目标放大 2 000 倍。电磁波的波长是光波波长的十万分之一，电子显微镜可以分辨 1/10nm，不仅可以看到亚细胞结构，还能观察分子的形态。

本部分重点介绍光学显微镜在微生物显微观察技术中的应用，针对不同种类的微生物，灵活选择不同的放大倍数，获得满意的观察和测量效果。

实验1　光学显微镜的构造与使用

一、实验目的

1. 了解普通光学显微镜的构造、各部分的功能和使用方法。
2. 学习并掌握油镜的原理和使用方法。

二、实验原理

1. 普通光学显微镜的构造

显微镜的构造可分为机械装置和光学系统两大部分(图1-1)。

机械装置包括镜座、镜筒、镜臂、物镜转换器、载物台、推进器、粗准焦螺旋、微准焦螺旋、光圈(孔径光阑)等部件。

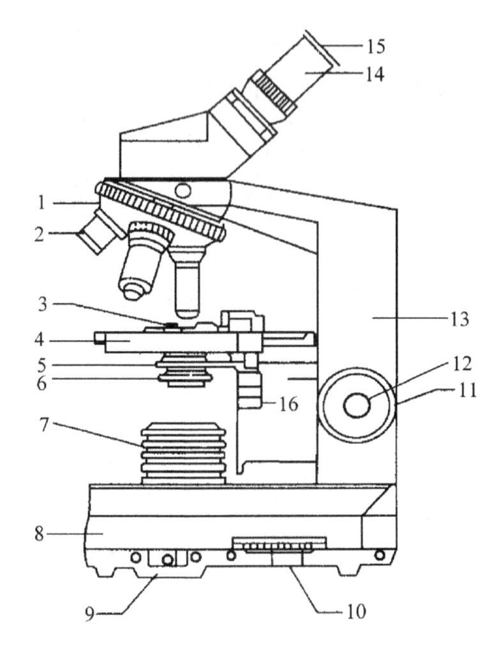

图1-1　光学显微镜构造示意图

1. 物镜转换器　2. 物镜　3. 夹片器　4. 载物台　5. 聚光器　6. 光圈　7. 光源　8. 镜座　9. 电源开关　10. 光源滑动变阻器　11. 粗准焦螺旋　12. 微准焦螺旋　13. 镜臂　14. 镜筒　15. 目镜　16. 标本移动螺旋

光学系统由接目镜、接物镜、聚光器、视场光阑调节环等组成。普通显微镜装有低倍镜(10×)、高倍镜(40×)和油镜(100×) 3 种物镜，使用低倍镜和高倍镜时，物镜与标本间的介质是空气，称为干燥系物镜；而使用油镜时，物镜与标本间的介质是香柏油，称为油浸系物镜。油镜标有“HI”或“Oil”字样，镜头下缘刻有白环或红环。检查细菌标本要用油镜。研究型显微镜配有性能更好的物镜，如复消色差物镜(Apo)、平场物镜(Plan)、平场消色差物镜(Plan Ach)、平场复消色差物镜(Plan Apo)等。

2. 油镜使用的工作原理

在显微镜的光学系统中，物镜的性能直接影响显微镜的分辨率。与其他物镜相比，油镜的放大倍数最大，使用也比较特殊，需在载玻片与镜头之间滴加香柏油，这主要有如下两方面的原因：

(1)增加照明亮度　油镜的放大倍数虽然可达100×，但因焦距短，镜头直径小，进入镜头中的光线亦较少，故所需要的光照强度更大(图 1-2)。当油镜头和标本玻片之间的介质为空气时，因空气折射率(n = 1.00)与玻璃的折射率(n = 1.55)不同，会有一部分光线被折射而不能进入镜头内，使视野更暗，物像显现不清。若在物镜与标本玻片之间滴加与玻璃的折射率相仿的油类，如香柏油(n = 1.52)等，则光线不发生折射，从而增加了视野的照明亮度(图 1-3)。

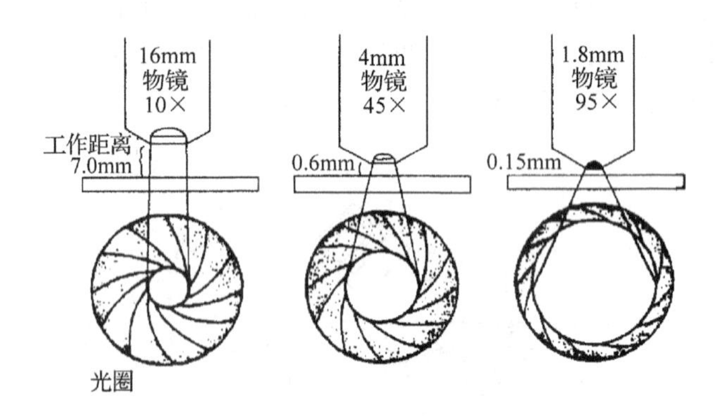

图 1-2　物镜的焦距、工作距离和光圈的关系

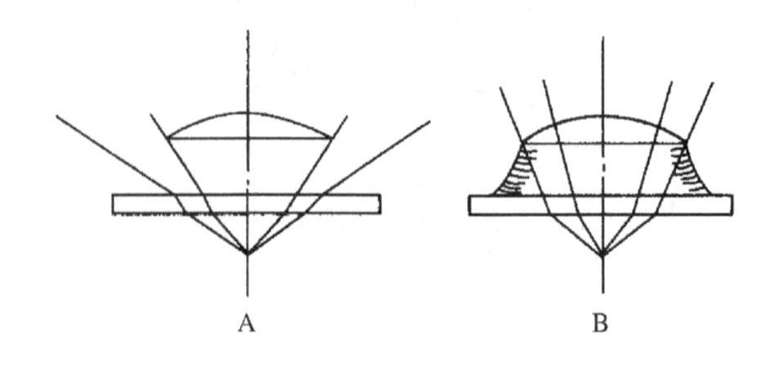

图 1-3　干燥系物镜 A 与油浸系物镜 B 光线通路

(2)增加显微镜的分辨力　显微镜的分辨力或分辨率是指显微镜能够辨别两点之间最小距离的能力。它与物镜的数值孔径成正比，与光波长度成反比。因此，当光波波长一定时，物镜的数值孔径越大，则显微镜的分辨力越大，被检物体的细微结构也越清晰地被区别出来。分辨力可由下列公式表示：

$$分辨力(最大可分辨距离) = \lambda/(2NA)$$

式中，λ 为光波波长(0.4~0.7μm)；NA 为物镜的数值孔径值，它是光线投射到物镜上的最大角度(称为镜口角)的一半正弦与介质的折射率之乘积，即 $NA = n \cdot \sin\alpha$。式中，α 为光线最大入射角的半数，它取决于物镜的直径和焦距。在实际应用中光线入射角最大只能达到 120°，其半数的正弦为 $\sin60° \approx 0.87$。以空气为介质时，$NA = 1 \times 0.87 = 0.87$；而以香柏油为介质时，$NA = 1.52 \times 0.87 = 1.32$，故以香柏油为介质的油镜要比用空气为介质的高倍镜分辨力高，因而细菌用油镜才可观察到。

然而，显微镜的放大倍数越高，并不等于其分辨力越高。假如采用放大率为 40×的高倍镜($NA = 0.65$)和放大率为 24×的目镜，虽然总放大率为 960×，但其分辨力只有 0.42μm；若采用放大率为 90×的油镜($NA = 1.25$)和放大率为 9×的目镜，虽然总放大率为 810×，但却能分辨出 0.22μm 之间的距离，因而显微镜的总放大倍数越高并不代表其分辨力越高。

三、实验材料

1. 菌种

大肠埃希菌、啤酒酵母、霉菌(如根霉)染色玻片标本各一。

2. 试剂

香柏油、二甲苯或乙醚-乙醇混合液(附录 B13)。

3. 仪器与用具

显微镜、擦镜纸等。

四、实验内容

实验操作流程：安置→调光源→调目镜→调聚光器→镜检(低倍镜到高倍镜)→换油镜头(用后擦拭)→复原

1. 观察前的准备

(1)显微镜的安置　将显微镜放于平整的实验台上，镜座距实验台边缘约 10cm。镜检时姿势要端正。单筒显微镜一般用左眼观察，右眼绘图或记录，两眼同时睁开，以减少眼睛疲劳。

(2)光源调节　安装在镜座内的光源灯可通过调节电压以获得适当的照明亮度。反光镜采集自然光或灯光作为照明光源时，较强的自然光源用平面镜，较弱的照明光源用凹面镜，并调节其角度，使视野内的亮度适宜、均匀。凡检查染色标本时，光线应强；检查未染色标本时，光线不宜太强，可通过光圈、聚光器、反光镜调节适宜的光线。

(3)双筒显微镜的目镜调节　根据使用者的个人情况，双筒显微镜的目镜间距可以适当调节，而左目镜上一般还配有屈光度调节环，可以适应眼距不同或两眼视力有差异的不同观察者。

(4)聚光器数值孔径值的调节　正确使用聚光镜才能提高镜检效果。聚光镜的主要参数是数值孔径，它有一定的可变范围，一般聚光镜边框上的数字是代表它的最大数值孔径，通过调节聚光镜下面可变光阑的开放程度，可以得到各种不同的数值孔径，以适应不同物镜的需要。

2. 显微镜观察

一般情况下，特别是初学者，进行显微镜观察时，应遵守从低倍镜到高倍镜再到油镜的观察程序。因为低倍数的物镜视野相对较大，易发现目标和确定检查的位置。

(1)低倍镜观察　将标本片置于载物台上，用弹簧夹固定，移动推进器，使观察对象处于物镜正下方。旋动粗准焦螺旋，使物镜与标本片距离约 1cm(单镜筒显微镜)或 0.5cm(双镜筒显微镜)，再以粗准焦螺旋调节，使镜头缓慢升起(单镜筒)，或使载物台缓慢下降(双镜筒)，直至物像出现后，再用微准焦螺旋调节，使物像清晰。移动标本玻片，将观察目标移至视野中心后，仔细观察与绘图。

(2)高倍镜观察　由低倍镜直接转换成高倍镜至正下方。转换时，需用眼睛于侧面观察，避免镜头与玻片相撞。调节聚光器和光圈使视野亮度适宜，而后微调微准焦螺旋使物像清晰。利用推进器移动标本找到需要观察的部位，并移至视野中心仔细观察或准备用油镜观察。

(3)油镜观察　先将光圈开至最大，聚光器升至最高位，调节好光源，使照明亮度最强。在高倍镜或低倍镜下找到要观察的样品区域后，旋转物镜转换器使镜头离开中轴(或用粗准焦螺旋将镜筒远离载物台，依据观察习惯)，然后在标本上滴加香柏油(切勿过多，否则视野模糊)，转换油镜头，从侧面注视，小心将之浸入油滴中，使其几乎与标本片相接触为度(注意：切不可将油镜镜头压到标本，否则不仅压碎玻片，还会损坏镜头)。用粗准焦螺旋缓慢升起镜筒(单镜筒)或下降载物台(双镜筒)，至物像出现后，再以微准焦螺旋调至物像清晰。如果油镜已离开油面而仍未见物像，可再将镜头浸入油中，重复以上操作至物像清晰为止。

3. 显微镜用后的处理

观察完毕，抬起镜头，立即用擦镜纸擦去镜头上的油，再用擦镜纸蘸取少许二甲苯(香柏油溶于二甲苯)或乙醚-乙醇混合液擦去镜头上的残留油迹，最后再用擦镜纸擦去残留的二甲苯。严禁用手或其他纸擦镜头，以免损坏镜头。用绸布清洁显微镜的金属部件。将各部分还原，物镜转成“八”字形，再将载物台下降至最低，降下聚光器，以免与物镜相撞。套上镜套，放回柜内或镜箱中。

五、实验结果

(1)分别绘出用低倍镜、高倍镜观察到的酵母菌、霉菌标本片的形态图。

(2)绘出用油镜观察到的细菌的形态图。

(3)记录在低倍镜、高倍镜及油镜观察下的视野中的变化，同时注明物镜的放大倍数和总放大率。

六、注意事项

(1)移动显微镜时，要一手握持镜臂，一手托镜座。显微镜应平稳地置于实验台上，与镜检者距离适宜，放置好后，镜检中不得随意移动。

(2)注意镜头的保养，保持所有透镜清洁，只能用擦镜纸擦拭镜头，不得用手接触透镜。

(3)用显微镜观察时，注意调节的方向是使载玻片与镜头远离，防止玻片与镜头相碰。

(4)实验中，显微镜发生故障，应立即向指导教师汇报，不得随便更换显微镜。

【思考题】

1. 观察细菌时为何使用油镜？它与干燥系物镜使用方法有何不同？使用时要注意哪些问题？

2. 普通光学显微镜的目镜与物镜的常用放大倍数有几种？显微镜的放大倍数越高，分辨力越高吗？为什么？举例说明。

3. 什么是物镜的同焦现象？它在显微镜观察中有什么意义？

4. 试列表比较低倍镜、高倍镜及油镜各方面的差异。为什么在使用高倍镜及油镜时应特别注意避免粗准焦螺旋的误操作？

实验2　四大类微生物标本的显微观察

一、实验目的

1. 熟练掌握油镜的使用。
2. 熟悉细菌、放线菌、酵母菌、霉菌四大类常见微生物的个体(显微)形态。

二、实验原理

微生物菌体很小，属于微米级生物，观察微生物个体形态必须用到显微镜。微生物的标本片是采用一些特殊技术能够长久保存微生物个体的载玻片制片，一般保存的是微生物的典型形态，如细菌三形(球状、杆状、螺旋状)，细菌的特殊结构(鞭毛、荚膜、芽孢等)，还有真菌的菌丝、孢子及其特化结构(如子实体)。

细菌一般在1 000×放大倍数下观察，使用油镜头。本实验选择细菌、放线菌、酵母菌、霉菌等四大类微生物的标本片，观察其菌体大小和特殊结构，分辨特征性霉菌的简单和复杂的子实体以及观察孢子形态。

三、实验材料

1. 材料

四大类微生物的标本片：枯草芽孢杆菌、藤黄微球菌或金黄色葡萄球菌、大肠埃希菌；啤酒酵母；链霉菌；青霉、曲霉、根霉标本片(可依据实验室条件增加材料，如乳酸菌等的观察)。

2. 试剂

香柏油、二甲苯或乙醚-乙醇混合液(附录B13)。

3. 仪器与用具

显微镜、擦镜纸等。

四、实验内容

实验操作流程： 调聚光器→镜检→油镜(→擦物镜头)→复原

1. 准备显微镜

参考实验1。

2. 观察标本片

调光源、选择物镜的原则参考实验1。

(1)观察酵母菌　观察啤酒酵母的菌体和出芽状况，一般真核生物的观察选用10×~40×物镜即可。

(2)观察霉菌　观察霉菌的菌丝、菌丝体和特征结构，如青霉和曲霉的分生孢子头、曲霉的足细胞等特殊结构，根霉的假根和匍匐枝等。

(3)观察放线菌　观察基内菌丝、气生菌丝和孢子丝，一般原核生物的观察最终需要选用油镜。

(4)观察细菌　观察细菌的个体形态，特别是观察食品中常见的一些细菌，如大肠埃希菌、金黄色葡萄球菌、乳酸菌等。

五、实验结果

(1)分别绘出用低倍镜、高倍镜观察到的酵母菌、霉菌的各种特征形态图。

(2)分别绘出用油镜观察到的细菌、链霉菌的特征形态图。

六、注意事项

油镜镜头不要压到标本玻片，否则可能会损坏玻片和油镜头。

【思考题】

1. 如何根据所观察微生物的大小，选择不同的物镜进行有效的观察。
2. 为什么放线菌是更接近于细菌的一类原核生物?
3. 辨别异同：细菌和酵母菌；放线菌和霉菌；青霉和曲霉。

实验3　微生物个体大小的测量方法
——显微测微尺的使用

一、实验目的

1. 掌握目镜测微尺的工作原理。
2. 使用显微镜测微尺测定微生物个体大小。

二、实验原理

微生物细胞的大小是微生物分类鉴定的重要依据之一。测量微生物细胞的大小，一般借助于镜台测微尺和目镜测微尺在显微镜下进行测量。镜台测微尺并不直接用来测量菌体的大小，而是用于校正目镜测微尺每格的相对长度，目镜测微尺使用时放在接目镜中的隔板上，校正后可直接用于测量微生物大小。

镜台测微尺是中央部分刻有精确等分线的载玻片(图 3-1)，一般是将 1mm 等分为 100 格，每格 0.01mm(即 10μm)；目镜测微尺是一块圆形玻片(图 3-2)，其中央有精确等分为 50 或 100 小格的刻度尺，由于目镜测微尺所测量的是微生物细胞经过显微镜放大之后所成像的大小，其刻度实际代表的长度随使用的目镜和物镜放大倍数及镜筒的长度而改变，故使用前须先用镜台测微尺进行校正，以求出一定放大倍数下，目镜测微尺每一小格所代表的相对长度，然后用目镜测微尺直接测量并计算细胞的实际大小。

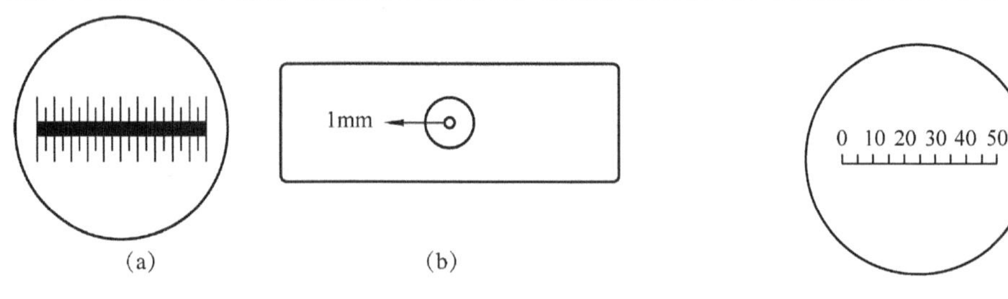

图 3-1　镜台测微尺

(a)中央部分放大示意　(b)镜台测微尺

图 3-2　目镜测微尺

三、实验材料

1. 菌种

啤酒酵母菌悬液、细菌菌悬液。

2. 仪器与用具

目镜测微尺、镜台测微尺、载玻片、盖玻片、滴管、显微镜等。

四、实验内容

实验操作流程：校正目镜测微尺→测定菌体大小→用毕后处理

1. 校正目镜测微尺

（1）装目镜测微尺　取出目镜，将其上的透镜旋下，将目镜测微尺刻度朝下放入目镜镜筒内的隔板上，然后旋上目镜透镜，再将目镜插入镜筒内。

（2）校正目镜测微尺　将镜台测微尺刻度面朝上平置在载物台上。先用低倍镜观察到镜台测微尺的刻度，换用高倍镜测量。移动镜台测微尺和转动目镜，使两者的刻度平行，并使两尺的第一条线重合，向右仔细寻找第二条完全重合的刻度，分别记录两重合线之间镜台微尺和目镜微尺所占的格数（图3-3）。用同样方法校正在油镜下（镜台测微尺上需加1滴香柏油）目镜测微尺每小格的实际长度。已知镜台测微尺每格长为10μm，由下列公式即可计算出在特定放大倍数下，目镜测微尺每格所代表的实际长度：

目镜测微尺每格长度（μm）= 两重合线间镜台测微尺的格数×10/两重合线间目镜测微尺的格数

例如，目镜测微尺的5小格正好与镜台测微尺的2小格重合，则目镜测微尺的每小格长度为：2×10μm/5 = 4μm

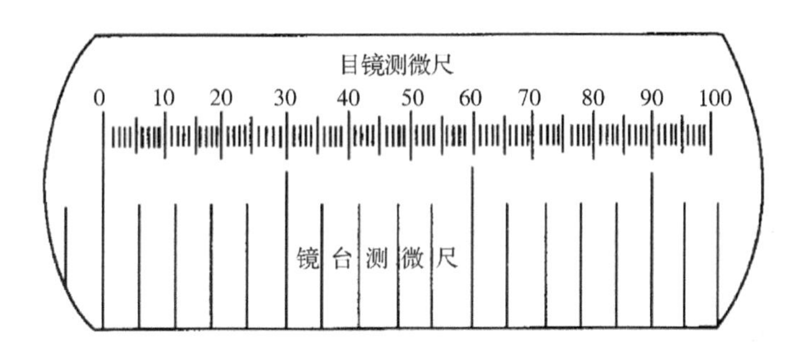

图3-3　矫正时镜台测微尺与目镜测微尺的重合情况

2. 菌体大小的测定

（1）测定酵母菌大小　先将酵母菌培养物制成水浸片，再用显微镜测出宽和长各占目镜测微尺的格数，最后，将测出的格数乘以目镜测微尺（同样放大倍数）每格所代表的长度，即为酵母菌的长和宽。

（2）测定细菌大小　先将细菌制片染色（或选择合适的标本片），再用油镜测菌体长度（或直径）各占目镜测微尺的格数，最后，将测出的格数乘以目镜测微尺（用油镜时）每格所代表的长度，即为菌体长度（或直径）。若菌体太小，可以选择几个连接在一起的菌体，最后计算结果中再除以菌体数目。

3. 用毕后处理

测定完毕，取出目镜测微尺，将目镜放回镜筒，再将目镜测微尺和镜台测微尺分别用擦镜头纸擦拭干净，放回盒内保存。

五、实验结果

1. 目镜测微尺标定结果

低倍镜下：________倍目镜测微尺每格长度为________ μm。

高倍镜下：________倍目镜测微尺每格长度为________ μm。

油镜下：________倍目镜测微尺每格长度为________ μm。

2. 菌体大小测定结果（表 3-1）

表 3-1 菌体大小测定结果记录表（以啤酒酵母为例） μm

菌名 编号	啤酒酵母			
	目镜测微尺格数		实际长度	
	宽	长	宽	长
1				
2				
3				
4				
5				
6				
7				
8				
9				
10				
平均值				

六、注意事项

（1）防止压碎镜台测微尺或玻片。

（2）在校正目镜测微尺时，注意光线不能调整得太强。

（3）为了减少实验误差，应在同一标本片上测量 10 个以上的菌体，取其平均值。

（4）使用双目显微镜时，目镜测微尺一般安装在右目镜中。

【思考题】

1. 为什么更换不同放大倍数的目镜或物镜时，必须重新对目镜测微尺进行校正？

2. 若目镜和目镜测微尺不改变，只改变不同放大倍数的物镜，那么测定同一细菌的大小时，其测定结果是否相同？为什么？

实验4 微生物数量的测量方法
——血球计数板计数法

一、实验目的

1. 学习血球计数板的原理和方法。
2. 使用血球计数板测定酵母菌的数量。

二、实验原理

血球计数板计数法是将菌悬液、孢子悬液(或细胞悬液)加入血球计数板与盖玻片之间的计教室内，由于该室的容积一定，先测定计数室内若干个方格中的微生物数量，再换算成每毫升样品(或每克样品)中微生物细胞数量。如图4-1(a)所示，血球计数板由4条平行槽构成3个平台，中间的平台较宽，其中间又被一短槽隔成两半，每个半边平台面上各有一个含9个大格的方格网，中间大格为计数室[图4-1(c)]。计数室的长和宽各为1mm，中间平台下陷0.1mm，使盖玻片和载玻片之间的高度为0.1mm[图4-1(b)]，故计数室的容积为0.1mm^3。

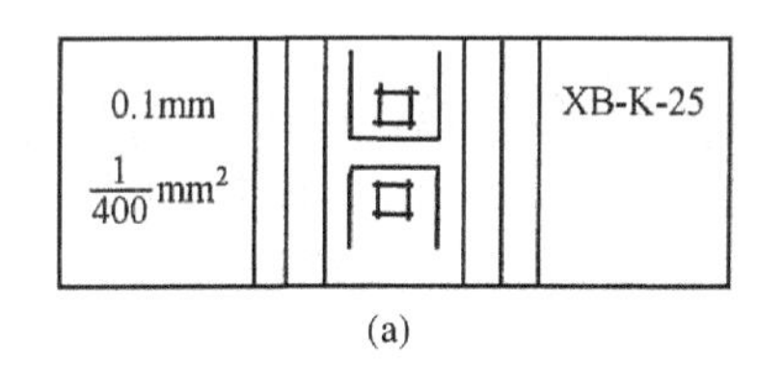

(a)

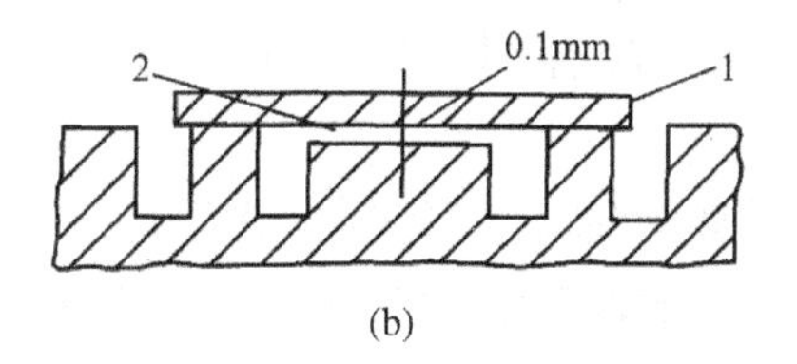

(b)

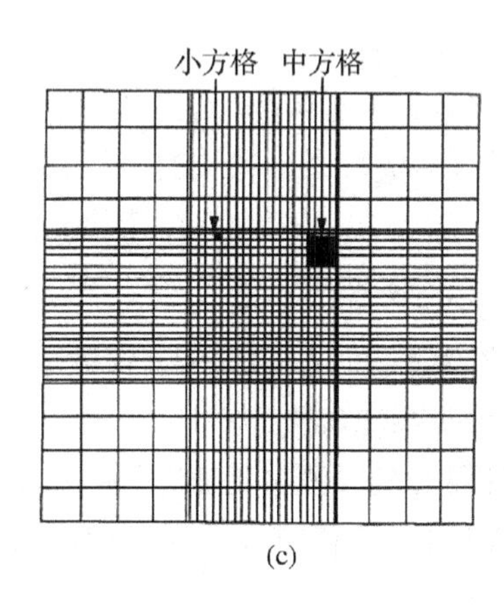

(c)

图4-1 血球计数板的构造

(a)正面图 (b)侧面图 (c)放大后的方格网
(分成9个大格，中央大格为计数室)
1. 盖玻片 2. 计数室

血球计数板有两种规格(图 4-2)，一种是 16×25 型，共有 16 个中方格，每个中方格分为 25 个小方格。另一种是 25×16 型，共有 25 个中方格，每个中方格又分为 16 个小方格。此两种血球计数板的计数室均由 400 个小方格组成。

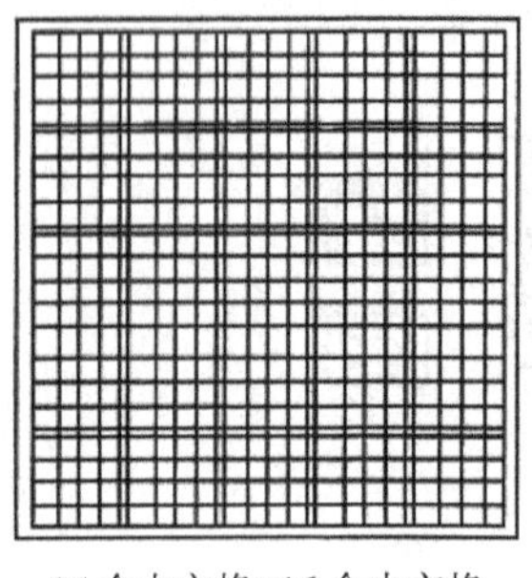
25 个中方格×16 个小方格

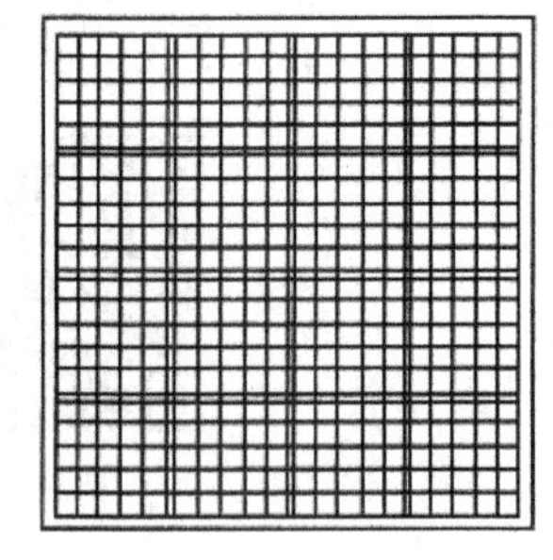
16 个中方格×25 个小方格

图 4-2 两种不同规格的血球计数板

菌体较大的酵母菌或霉菌孢子可采用血球计数板，一般细菌则采用彼得罗夫·霍泽(Petrof Hausser)细菌计数板。两种计数板的原理和构造相同，只是细菌计数板较薄，可用油镜观察；而血球计数板较厚，不能使用油镜测定细菌数量(因计数板下面的细菌很难于区分，误差较大)。

三、实验材料

1. 菌种

啤酒酵母菌悬液。

2. 试剂

9mL 无菌生理盐水(附录 B1)。

3. 仪器与用具

血球计数板、盖玻片(22mm×22mm)、吸水滤纸、手动计数器、无菌毛细管、1mL 无菌吸管、显微镜。

四、实验内容

实验操作流程： 制备样品稀释液→加样品→显微镜计数→用毕后处理

1. 制备样品稀释液

将啤酒酵母培养液振荡摇匀，用 1mL 吸管取样品 1mL 移至 9mL 无菌生理盐水中，振荡混匀，即为 1∶10 稀释菌液。稀释度的选择以计数板内每小格中有 3~5 个酵母细胞为宜。

2. 加样品

在洁净干燥的血球计数板计数室上盖盖玻片，用无菌滴管(或吸管、移液枪)将摇匀的稀释菌液从计数板中间平台两侧的沟槽内，沿盖玻片的下边缘滴入 1 小滴(不宜过多)，使菌液自行渗入平台的计数室，并用吸水滤纸吸取沟槽中流出的多余菌液。注意：取样时先要摇匀菌液，加样时计数室内不可产生气泡。

3. 显微镜计数

加样后，静置约5min。将计数板置于载物台的中央，在低倍镜下找到方格网的中央大方格(计数室)，转换高倍镜后，调节光亮度至菌体和计数室线条清晰为止，再将计数室左上角的中方格移至视野中进行观察和计数。对不同规格的计数板的计数方法略有差异。若是16×25型，需要按对角线方位，数左上、左下、右上和右下角4个中方格(即100小格)的菌数。若是25×16型，除数上述4个中方格外，还需数中央1个中方格(即80小格)的菌数，每个样品重复计数2~3次。

4. 用毕后处理

测数完毕，将血球计数板在水龙头下用水冲净，切勿用硬物洗刷或抹擦，以免损坏网格刻度。镜检观察每小格内是否残留菌体或其他沉淀物，若不干净，则必须重复洗涤至洁净为止。洗净后自行晾干或用吹风机吹干，放入盒内保存。

五、实验结果

将计数的细胞数填入表4-1中，代入下列公式，计算每毫升或每克样品中的菌数。

16×25型血球计数板的计算公式：样品中的菌数[个/g(mL)] =(100小格内细胞数/100) $\times 400\times 10^4\times$稀释倍数

25×16型血球计数板的计算公式：样品中的菌数[个/g(mL)] =(80小格内细胞数/80) $\times 400\times 10^4\times$稀释倍数

表4-1 血球计数板法计数细胞记录

计算次数	5个中方格的细胞数/个					5个中方格的总细胞数/个	稀释倍数	样品总菌数/[个/g(mL)]
	左上角	右上角	右下角	左下角	中间			
第一次								
第二次								
第三次								
第四次								

六、注意事项

(1)凡是位于中方格双线上的酵母细胞，计数时只计入上线和左线上的细胞(或只计入下线和右线的细胞)，以减少误差。酵母菌的芽体达到母体细胞大小的1/2者，即可作为2个菌体计数。

(2)由于活细胞的折射率和水的折射率相近，为了清晰可见，观察时可通过适当关小光圈、降低聚光器和调节光源亮度来减弱光照强度，否则视野中计数室的方格线不清晰，或只见竖线或只见横线。

(3)不能出现盖玻片被菌液顶浮的情况，否则改变计数室容积，影响计数的准确性。

(4)计数时要不断调节微准焦螺旋，以便能看到悬浮在计数室内不同深度的细胞。

(5)加样后应静置数分钟，待菌体细胞不再流动，全部沉降到计数室底部，才可计数。

(6)在计数前若发现菌液太浓或太稀，需重新调节稀释度后再计数。

【思考题】

1. 根据你的体会，说明血球计数板计数的主要误差来自哪些方面？应如何减少误差？
2. 能否用血球计数板在油镜下计数细菌的数量？此法是否可以适用于计数细菌？

微生物染色技术

微生物细胞含水分较高(一般在80%以上)，菌体小而透明，折光性强，对光线的吸收和反射与水溶液几乎没有差别，与周围背景也没有明显的色差，即使借助显微镜，也不能分辨清楚。

微生物染色技术就是使用碱性染料将样本着色，以达到突出观察部位的目的。不同的微生物菌株(如细菌和真菌)、不同的观察目的(如观察菌体、鞭毛或细胞核等)，使用不同的染料(如结晶紫、棉酚蓝等)和不同的染色方法(如简单染色、鉴别染色等)。

本部分介绍简单染色、革兰染色和其他一些特殊染色法。

实验5　细菌的简单染色

实验6　细菌的革兰染色

一、实验目的

1. 了解革兰染色法的原理及其在细菌分类鉴定中的重要性。
2. 学习并掌握革兰染色技术。

二、实验原理

革兰染色法(Gram staining)是细菌学中最重要的鉴别染色法，可以将真细菌分为革兰阳性(G^+)和革兰阴性(G^-)两大类。细菌对于革兰染色的不同反应，主要是由于它们细胞壁成分和结构不同。革兰阳性细菌其细胞壁较厚、肽聚糖网层次多且交联致密，故遇脱色剂乙醇处理时，因失水而使网孔缩小，再加上它脂类含量很低，故乙醇的处理不会溶出缝隙，因此能把结晶紫和碘的复合物牢牢留在壁内，使其保持紫色。革兰阴性细菌因其细胞壁薄、外膜层类脂含量高、肽聚糖层薄，交联度低，遇脱色剂乙醇后，以类脂为主的外膜迅速溶解，这时薄而松散的肽聚糖网不能阻挡结晶紫与碘复合物的溶出，因此细胞褪成无色。经复染剂复染后，细胞被染上复染剂的红色，而革兰阳性细菌则仍保持最初的紫色。

三、实验材料

1. 菌种

大肠埃希菌约24h营养琼脂斜面培养物、金黄色葡萄球菌均为约24h营养琼脂斜面培养物。

2. 染色剂

草酸铵结晶紫染液、卢戈氏碘液、95%乙醇、番红(Safranine T ，别名沙黄)复染液等(附录 B4)。

3. 仪器与用具

同简单染色法。

四、实验内容

实验步骤流程：制片→初染→媒染→脱色→复染→镜检

1. 制片

同简单染色方法中的涂片、干燥、固定，进行制片的常规步骤。

2. 初染

滴加草酸铵结晶紫染液覆盖涂菌部位，染色 1～2min 后倾去染液，水洗至流水无色。

3. 媒染

滴加碘液于涂片上，1min 后水洗。

4. 脱色

用滤纸吸取玻片上的残水，滴加 95%乙醇脱色，摇动玻片至紫色不再为乙醇脱退为止，一般 30s，立即水洗，终止脱色。

5. 复染

用番红复染 2min，水洗。

6. 镜检

用滤纸吸干或自然干燥，油镜镜检。

五、实验结果

根据染色结果填写表 6-1。

表 6-1 革兰染色结果记录

菌　名	细菌形态	菌体颜色	结果(G^+/G^-)
大肠埃希菌			
金黄色葡萄球菌			

六、注意事项

(1)选取生长活跃的对数生长期的培养物进行染色，结果可信。衰老或死亡的革兰阳性细菌，往往呈假阴性反应。

(2)乙醇脱色时间是革兰染色操作的最关键环节。脱色过度，会有假阴性结果，脱色时间不足，会有假阳性反应。

【思考题】

1. 详述革兰染色的原理。
2. 进行革兰染色时，为什么特别强调菌龄，用老龄菌会出现什么问题？
3. 革兰染色法成败关键是哪一步？如果操作不当会出现什么结果？
4. 当对一株未知菌进行革兰染色时，怎样能确保染色技术操作正确，结果可靠？
5. 革兰染色方法是否可以简化？

实验7 细菌的芽孢染色

一、实验目的

1. 学习并掌握细菌芽孢染色原理及操作技术。
2. 观察芽孢杆菌的形态特征。

二、实验原理

芽孢(spore)又称内生孢子(endospore)，是某些细菌生长到一定阶段在菌体内形成的休眠体，通常呈圆形或椭圆形。细菌能否形成芽孢以及芽孢的形状、芽孢在芽孢囊内的位置 、芽孢囊是否膨大等特征是鉴定细菌的重要依据之一。

由于芽孢壁厚、透性低而不易着色，当用石炭酸复红、结晶紫等进行简单染色时，菌体和芽孢囊着色，而芽孢囊内的芽孢不着色或仅显很淡的颜色，游离的芽孢呈淡红或淡蓝紫色的圈或捕圈形的圈，为了使芽孢着色便于观察，可用芽孢染色法。

芽孢染色法的基本原理是：利用细菌的芽孢和菌体对染料的亲和力不同的原理，用不同染料进行着色，使芽孢和菌体呈不同的颜色而便于区别。先用着色力强的染色剂孔雀绿或石炭酸复红，在加热条件下染色，使染料不仅进入菌体也可进入芽孢内，进入菌体的染料经水洗后被脱色，而芽孢一经染色难以被水洗脱，当用对比度大的复染剂染色后，芽孢仍保留初染剂的颜色，而菌体和芽孢囊被染成复染剂的颜色，使芽孢和菌体更易于区分。

三、实验材料

1. 菌种

枯草芽孢杆菌、梭状芽孢杆菌的牛肉膏蛋白胨琼脂斜面培养物。

2. 染色剂

5%孔雀绿水溶液(附录B5)、0.5%番红(亦沙黄，附录B4)染色液。

3. 仪器与用具

小试管、滴管、烧杯、木夹子、试管架，其他用具同简单染色。

四、实验内容

实验操作流程：制片→染色→脱色→复染→水洗→镜检

1. 制片

按常规涂片、干燥及固定(参见实验5)。

2. 染色

于载玻片上滴入3~5滴5%孔雀绿水溶液，用试管夹夹住载玻片在火焰上用微火加热，自载玻片上出现蒸汽时，开始计算时间4~5min。

3. 脱色

倾去染液，待玻片冷却后，用自来水冲洗至流出的水无色为止。

4. 复染

用0.5%番红水溶液复染1.5min。

5. 水洗

用缓流自来水或冲洗瓶冲洗至流出水无色为止。

6. 镜检

将玻片自然晾干或用滤纸吸干，先低倍镜再高倍镜，最后在油镜下观察芽孢和菌体的形态。

五、实验结果

根据观察结果按比例绘出两种芽孢的形态，并标明芽孢形状、着生位置及芽孢囊的形状。

六、注意事项

(1)选用菌龄适当的菌种。幼龄菌尚未形成芽孢，菌龄过大导致芽孢囊破裂，芽孢脱落。

(2)加热染色时应维持在冒蒸汽的状态，加热沸腾会导致菌体或芽孢囊破裂，加热不够则芽孢难以着色。加热过程中要及时补充染液，切勿让涂片干涸。

(3)加热染色后待玻片冷却后水洗脱色，以防玻片温度骤降而导致破裂。

【思考题】

1. 为什么芽孢及营养体能染成不同的颜色?
2. 为什么芽孢染色需要进行加热?能否用简单染色法观察到细菌芽孢?
3. 用孔雀绿初染芽孢后，为什么必须等玻片冷却后再用水冲洗?
4. 若你在制片中仅看到游离芽孢，而很少看见芽孢囊和营养体，试分析原因。
5. 为什么要求制片完全干燥后才能用油镜观察?

实验8　细菌的荚膜染色

实验9　细菌的鞭毛染色

实验10　酵母菌的活菌染色

一、实验目的

1. 观察酵母菌形态结构。
2. 掌握鉴别酵母菌死菌、活菌染色方法。

二、实验原理

单细胞的酵母菌个体是常见细菌的几倍至十几倍，大多数采取出芽方式进行无性繁殖，也可以通过接合产生子囊孢子进行有性繁殖。由于细胞个体大，采取涂片的方法制片有可能损伤细胞，一般通过美蓝染液水浸片法或水-碘液(革兰染色用碘液)浸片法来观察酵母菌形态及出芽生殖方式。同时，采用美蓝染液水浸片法还可以对酵母菌的死菌、活菌进行鉴别。

美蓝(亚甲基蓝)是一种无毒性的染料，它的氧化态呈蓝色，还原态呈无色，用美蓝对酵母进行染色时如为活的酵母细胞，由于新陈代谢不断进行能将美蓝还原，故不能将活细胞着色。而由于死细胞或代谢缓慢的衰老细胞，它们无还原能力或还原能力极弱，仍可被美蓝染成蓝色或浅蓝色，借此即可根据细胞无色或蓝色来对死菌和活菌进行鉴别。

三、实验材料

1. 菌种

酿酒酵母培养 2d 的麦芽汁斜面培养物。

2. 染色剂

0.05%美蓝染色液(附录 B7)、生理盐水(附录 B1)。

3. 仪器与用具

显微镜、载玻片、盖玻片、酒精灯等。

四、实验内容(美蓝染色法)

实验操作流程：制片→显微观察→计数(死活菌)

1. 制片

将0.05%美蓝染色液1滴，置于载玻片中央。用接种环取少量酵母菌与美蓝液混合均匀，染色2~3min，取清洁盖玻片一块，小心地将盖玻片一端与菌液接触，然后以45°角缓慢覆盖菌液，以避免产生气泡。

2. 观察

将制片放置3min后，用低倍镜及高倍镜观察，并根据颜色区分死菌、活菌。无色透明的菌体为活的酵母，被染上蓝色的为死菌，老龄菌为淡蓝色。观察结束后，在火焰上加热2~3次，冷却后再次观察，注意死菌和活菌比例是否发生变化。

3. 计数

在一个视野里计数死菌和活菌，共计数5~6个视野。酵母菌死亡率一般用百分数表示，以下式来计算：

$$死亡率=\frac{死细胞数}{细胞总数}\times 100\%$$

五、实验结果

(1)绘出酿酒酵母形态特征及出芽生殖情况。

(2)分别记录加热前后酿酒酵母的死亡率。

六、注意事项

(1)染液不宜过多或过少，否则，在盖上盖玻片时，菌液会溢出或出现大量气泡而影响观察。

(2)盖玻片不宜平着放下，以免产生气泡影响观察。应将盖玻片由一边向另一边慢慢盖上。

【思考题】

1. 为什么可以通过染色进行酵母菌死菌、活菌的鉴别?
2. 制好水浸片后为什么要放置数分钟后再开始镜检?
3. 实验操作过程中应注意的环节有哪些?
4. 除了美蓝，还有哪些可以用于酵母菌死菌、活菌鉴别的染料?

微生物培养与保藏技术

微生物是无处不在的。将微生物个体从混杂的群体中分离出来的技术叫作分离；获得源于一个微生物细胞或一类微生物种的细胞群的技术叫作纯化；使微生物纯培养物在一定时间内不死亡，不污染，不变异而保存重要的生物学性状的方法，就是菌种保藏。

分离纯化和保藏技术是微生物学的基本技术，不同来源(如水源、土壤、气体等环境、肠道、食品原料或食品等)、不同类别(如细菌、酵母菌、霉菌、放线菌、病毒等)、不同用途(如用于科学研究、菌体发酵、提取代谢物等)的微生物各有其独特的分离纯化和保藏方法。

本部分主要包括基本的分离、纯化及保藏培养基的制备，不同种类微生物的培养和保存技术等。

实验11　培养基的制备与灭菌

一、实验目的

1. 掌握培养基配制及灭菌方法。
2. 重点掌握高压蒸汽灭菌法的原理及其使用方法。

二、实验原理

培养基是经人工配制的适合微生物生长、繁殖及积累代谢产物所需要的营养基质。由于微生物具有不同的营养类型，对营养物质的要求也各不相同，加之实验和研究的目的不同，所以培养基的种类很多，使用的原料也各有差异，但从营养角度分析，培养基中一般含有微生物所必需的碳源、氮源、无机盐、生长因子以及水分等。另外，培养基还应具有适宜的pH值、一定的缓冲能力、一定的氧化还原电位及合适的渗透压。培养基的种类较多，使用时要根据不同目的选择需要的培养基。

高压蒸汽灭菌法原理是将待灭菌的物品放在一个密闭的加压容器内，使饱和蒸汽取代容器内冷空气，利用蒸汽释放的潜热对物品进行灭菌。灭菌温度取决于蒸汽的压力，高压情况下，随着饱和蒸汽压力的增加，温度也随着增高，从而提高了蒸汽灭菌效力，能迅速杀死繁殖体和芽孢，相同温度下，湿热的杀菌效果优于干热。在实际应用中应根据灭菌物品的性质、成分、灭菌物质量等选择灭菌条件，如生理盐水、营养琼脂等培养基可采用121℃、15~20min进行灭菌，而对于较不耐热物品或含糖培养基则需要降低温度。完全不耐热的实验材料不能用此方法，如血清、不耐热的塑料制品等。

由于所用器材和培养基要经过灭菌环节，所以需对所用器材进行包扎后灭菌，各自的包扎方法存在差异，应掌握技术要领。

三、实验材料

1. 试剂

牛肉膏、蛋白胨、氯化钠、琼脂、可溶性淀粉、麦芽汁、葡萄糖、蔗糖、马铃薯、黄豆芽、硫酸亚铁（$FeSO_4 \cdot 7H_2O$）、硝酸钠（$NaNO_3$）、硫酸镁（$MgSO_4 \cdot 7H_2O$）、磷酸氢二钾（K_2HPO_4）、磷酸二氢钾（KH_2PO_4）、氯化钾（KCl）、0.1mol/L盐酸溶液、0.1mol/L氢氧化钠溶液。

2. 仪器与用具

高压蒸汽灭菌锅、天平、电炉、称量纸、烧杯、试管、量筒、锥形瓶、漏斗、玻棒、吸管、纱布、牛皮纸或报纸或灭菌封口膜、移液管或移液枪、棉花、分装架、酸度计(pH 试纸)等。

四、实验内容

(一)培养基的制备

实验操作流程：原料称量→溶解→调节 pH 值→熔化琼脂→过滤分装→塞棉塞和包扎(灭菌)→摆放斜面或倒平板→无菌检查

1. 原料称量

按照培养基配方和实际用量，计算并准确称取各种原料成分。称完一种药品后需要将牛角匙/称量勺洗净、擦干，再称取另一药品，严防药品混杂。

2. 溶解

用量筒取一定量(约占总量的 1/2)蒸馏水倒入烧杯中，依次将除琼脂外的各种原料加入水中，用玻棒搅拌使之溶解。某些不易溶解的原料如蛋白胨、牛肉膏等可先加少量水微加热溶解，然后再倒入容器中。待原料全部放入后，加热使其充分溶解，并补足需要的水分，即成液体培养基。

3. 调节 pH 值

根据培养基对 pH 值的要求，用 0. 1mol/L 盐酸溶液或 0. 1mol/L 氢氧化钠溶液调至所需 pH 值。测定 pH 值可用精密 pH 试纸或酸度计进行。

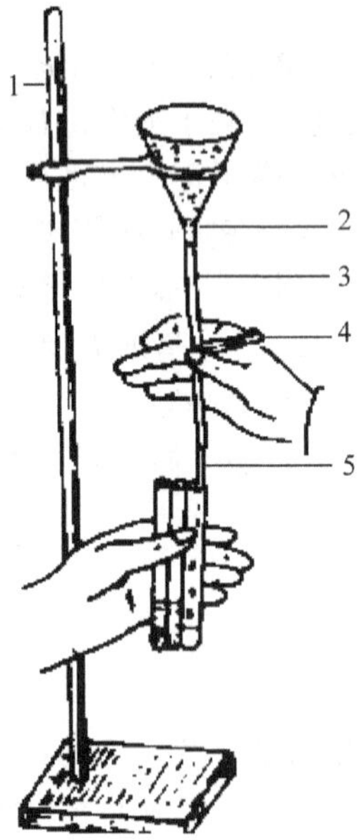

4. 熔化琼脂

配置固体培养基或半固体培养基时需加入琼脂。将预先称好的琼脂粉加入液体培养基内，置电炉上一边加热一边搅拌，直至琼脂完全熔化，并补足水分。注意控制火力不要使培养基溢出或焦煳。

5. 过滤分装

培养基配好后，趁热(60℃)过滤，目的是使培养基清澈透明，以利于某些实验结果的观察。一般无特殊要求，此步可以省略。过滤后，根据不同的使用目的，分装到各种试管或锥形瓶中。

先将过滤装置安装好(图 11-1)。如果是液体培养基，玻璃漏斗中放一层滤纸，如果是半固体或固体培养基，则需在漏斗中放置多层纱布，或在两层纱布中夹一层薄薄的脱脂棉趁热进行过滤。过滤后立即进行分装。各容器的分装量为：锥形瓶不超过容量的 1/2，高度的 1/3；试管液体分装高度以 1/4 左右为宜，固体斜面分装高度为 1/5，半固体分装高度为 1/2～1/3。分装过程中，注意不要使培养基沾在管(瓶)口上以免污染棉塞而引起污染。

图 11-1 培养基的分装

1. 铁架台 2. 漏斗 3. 乳胶管 4. 弹簧夹 5. 玻管

6. 包扎标记

培养基分装后在试管口或锥形瓶口塞上棉塞，包扎。贴上标签或记号笔标记，写清培养基类型、组别、配制时间。

7. 灭菌

具体步骤见下文(二)。

8. 摆放斜面或倒平板

已灭菌的固体培养基要趁热制作斜面试管和固体平板。

(1)斜面培养基的制作方法　需做斜面的试管，斜面的斜度要适当，使斜面的长度不超过试管长度的1/2(图11-2)。摆放时注意不可使培养基沾污棉塞，冷凝过程中勿再移动试管。制得的斜面以稍有凝结水析出者为佳。待斜面完全凝固后，再进行收存。制作半固体或固体深层培养基时，灭菌后则应垂直放置至冷凝。

(2)平板培养基制作方法　将已灭菌的琼脂培养基(装在锥形瓶或试管中)熔化后，冷却至50℃左右倾入无菌培养皿中。温度过高时，易在皿盖上形成太多冷凝水；低于45℃时，培养基易凝固。操作时最好在超净工作台酒精灯火焰旁进行，左手拿培养皿，右手拿锥形瓶的底部或试管，左手同时用小指和手掌将棉塞打开，灼烧瓶口，用左手大拇指将培养皿盖打开一缝，至瓶口刚好伸入，倾入培养基12~15mL，平置(图11-3)凝固后备用(一般直径9cm的平板培养基的高度约3mm)。不同规格的平板可以酌情调整培养基用量。

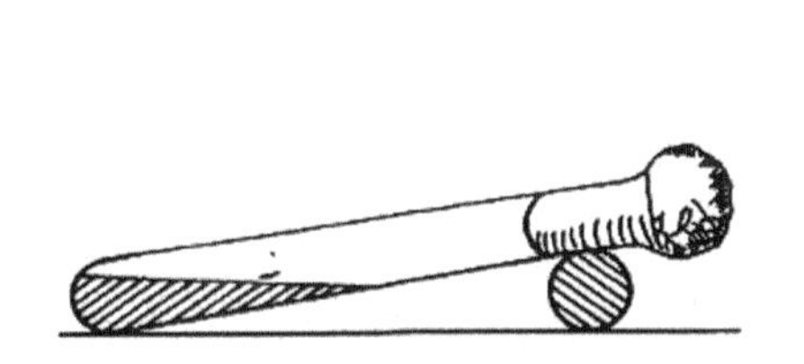

图11-2　培养基斜面试管的摆放

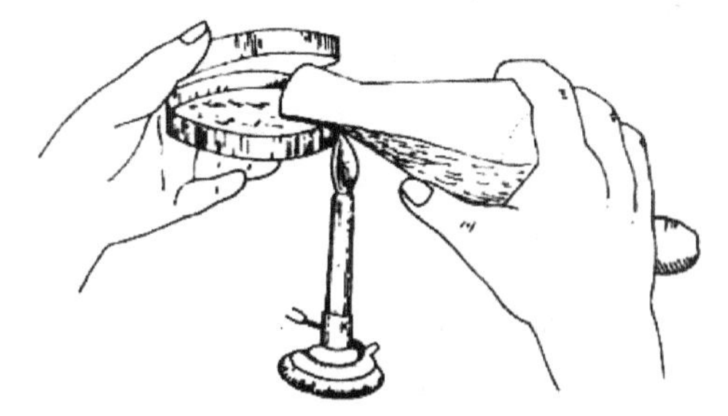

图11-3　平板培养基制作方法

9. 无菌检查

灭菌后的培养基，一般需进行无菌检查。最好从中取出1~2管(瓶)，置于30~37℃恒温箱中保温培养1~2d，如发现有杂菌生长，应及时再次灭菌，以保证使用前的培养基处于绝对无菌状态。

(二)培养基的高压蒸汽灭菌法

实验操作流程：(培养基的制备)→灭菌锅加水→装料→加盖→加热排气→加压→减压→开盖→(摆放斜面或倒平板)→无菌检查

1. 加水

在灭菌器内加入一定量的水。水不能过少，以免将灭菌锅烧干引起爆炸。

2. 装料

将待灭菌的物品放在灭菌锅搁架内，摆放要疏松，不可太挤，否则阻碍蒸汽流通，影响灭菌效果。装有培养基的容器放置时要防止液体溢出，瓶塞不要紧贴桶壁，以防冷凝水沾湿棉塞。

3. 加盖

将盖上与排气孔相连接的排气管插入内层灭菌桶的排气槽内，摆正锅盖，对齐螺口，采用对角式均匀拧紧所有螺栓。

4. 加热排气

打开放气阀，加热，热蒸汽上升，以排除锅内冷空气。灭菌锅内水沸腾，有大量蒸汽排出时维持5min，关闭放气阀，压力开始上升。

5. 保压

待压力逐渐上升至所需压力时，控制热源，维持所需时间。一般实验采用压力0.1MPa、温度121℃、20min灭菌。或根据制作要求的温度、时间进行灭菌。

6. 降压

达到灭菌所需时间后，关闭热源，让压力自然下降到零后，打开排气阀。放净余下的蒸汽后，再打开锅盖，取出灭菌物品。在压力未完全下降至零时，切勿打开锅盖，否则压力骤然降低，会造成培养基剧烈沸腾而冲出管口或瓶口，污染棉塞，引起杂菌污染。

五、实验结果

(1)简要说明培养基配制、分装过程中的关键操作步骤。

(2)试述高压蒸汽灭菌的过程及注意事项。

六、注意事项

(1)培养基分装时注意不要使培养基沾染管口或瓶口，以免浸湿棉塞，引起污染。

(2)培养基制备完毕后应立即进行高压蒸汽灭菌。如延误时间，会因杂菌繁殖生长导致培养基变质而不能使用。若不能立即灭菌，可将培养基暂放于4℃冰箱或冰柜中，但时间也不宜过久。

(3)灭过菌的玻璃器皿必须用时才能打开，而且需在无菌条件下操作。

(4)依据灭菌锅的型号不同，上述步骤应有适当调整。

【思考题】

1. 固体培养基加琼脂后，加热融化过程要注意哪些问题？
2. 高压蒸汽灭菌前，为什么要将灭菌锅内的冷空气排尽？如何检查灭菌后的培养基是无菌的？
3. 高压蒸汽灭菌为何比干热灭菌所要求的温度低、时间短？
4. 灭菌前为什么要进行包扎？

实验12　环境(实验室)的微生物检测

一、实验目的

1. 了解微生物分布的广泛性。
2. 理解微生物实验中无菌操作的重要性。

二、实验原理

微生物在自然界的水、土壤、空气以及生物体内等各种环境广泛存在，实验室内亦不例外。由于其个体小，绝大部分微生物个体肉眼看不到，必须借助显微镜才可以观察其个体形态。通过微生物培养，其个体大量繁殖形成微生物群体，即菌落或菌苔，才可以用肉眼观察。

普通的微生物教学实验室不能达到无菌状态，微生物可能存在于实验室的空气、座椅台面、地面等各种环境内，也可能存在于生物体的体表、毛发等环境。通过对环境样本的培养，微生物能够形成肉眼可见的菌落，同学们可直观了解实验室环境微生物，理解“微生物无处不在”的观点。

三、实验材料

灭菌的牛肉膏蛋白胨培养基(附录A1)、灭菌培养皿、灭菌棉球、镊子、灭菌牙签；酒精灯、记号笔等。

四、实验内容

实验操作流程：标记实验器皿→接种→培养→观察→记录

1. 标记实验器皿

取灭菌的培养皿，用记号笔标记班级、姓名、日期及处理方法。

2. 接种

其中一皿作为对照，标记为CK。其他处理方法如下：

(1)空气接种　打开培养皿盖，在空气中暴露约10min，然后盖上皿盖。

(2)指压接种　打开培养皿盖，用手指触摸培养基表面2~3个点，注意不要将培养基弄破，然后盖上皿盖。

(3)接种头发　取自己的头发约5cm长3~5根，打开皿盖用镊子放于培养基表面，然后盖上皿盖。

(4)接种牙垢　用灭菌牙签取少量牙垢，打开皿盖涂于培养基表面，注意不要将培养基弄破，然后盖上皿盖。

(5)接种台面涂抹物　用灭菌棉球在实验台(或凳子)上擦两下，打开皿盖，在培养基表面轻轻涂抹，然后盖上皿盖，注意不要将培养基弄破。

3. 培养

将接种的培养皿放入培养箱适温培养3~5d。一般在36℃±1℃培养可以观察生物体携带的常温微生物。

五、实验结果

(1)同组成员共同观察并记录结果(表12-1)。

(2)描述你处理的培养皿中长出的菌落，如形状、颜色、大小、边缘等特征。

表12-1　实验室环境的微生物检测结果记录

检测对象	空气	手指	牙垢	实验台	头发
菌数					
菌落形态					

六、注意事项

(1)理解实验中标记的重要性，以达到实验操作与结果分析的一致性。

(2)培养基呈果冻状，注意接种的分寸，既不要破碎培养基，又要保证接种物接触到培养基。

【思考题】

1. 不同的处理，培养基上的菌落有何异同？
2. 如何理解“微生物无处不在”的说法？
3. 在微生物实验中，如何进行无菌操作？

实验13 细菌和酵母菌的接种技术及形态特征观察

一、实验目的

1. 学习细菌和酵母菌的接种方法。
2. 观察细菌和酵母菌代表种类的形态特征。

二、实验原理

将微生物的纯培养物接种到适于它生长繁殖的人工培养基上或活的生物体内的过程叫作接种。接种是微生物实验及科学研究中的一项最基本的操作技术。无论微生物的分离、培养、纯化或鉴定以及有关微生物的形态观察及生理研究都必须进行接种。接种的关键是要严格地进行无菌操作，如操作不慎引起污染，则实验结果就不可靠，影响下一步工作的进行。接种方法：常用的有斜面接种法、平板接种法、液体接种法、穿刺接种法。接种工具：常用的有接种针、接种环、接种钩、接种圈、接种铲或接种锄、玻璃涂布棒等。

菌落形态是指某种微生物在一定的培养基上由单个菌体形成的群体形态。细菌、放线菌、酵母菌和霉菌，每一类微生物在一定培养条件下形成的菌落各具有某些相对的特征，通过观察这些特征，来区分各大类微生物及初步识别、鉴定微生物，方法简便快速，在科研和生产实践中常被采用。细菌和酵母菌个体形态观察参考实验2。

三、实验材料

1. 菌种

大肠埃希菌斜面菌种、啤酒酵母斜面菌种。

2. 培养基

牛肉膏蛋白胨培养基(附录A1)、麦芽汁培养基(附录A2)。

3. 仪器与用具

接种环、接种针、酒精灯、培养皿、记号笔等。

四、实验内容

实验操作流程：接种(试管斜面、试管穿刺、液体、平板划线)→培养→观察并记录

1. 接种

(1)试管斜面接种

①在斜面培养基试管上用记号笔标明接种的菌种名称、株号、日期。

②点燃酒精灯或煤气灯。

③将菌种斜面培养基(简称菌种管)与待接种的新鲜斜面培养基(简称接种管)持在左手拇指、食指、中指及无名指之间，菌种管在前，接种管在后，斜面向上管口对齐，应斜持试管呈45°角，并能清楚地看到两个试管的斜面，注意不要持成水平，以免管底凝集水浸湿培养基表面。在火焰边用右手松动试管塞以利于接种时拔出。

④右手持接种环柄，将接种环垂直放在火焰上灼烧。在火焰边用右手的手掌边缘和小指，小指和无名指分别夹持棉塞或试管塞将其取出，并迅速烧灼管口。

⑤将灭菌的接种环探入菌种管内，先将接种环接触试管内壁或未长菌的培养基，使接种环的温度下降达到冷却的目的，然后再挑取少许菌苔。将接种环退出菌种试管，迅速伸入接种管，用接种环在斜面上自试管底部向上划Z字线。

⑥接种完毕，接种环应通过火焰抽出管口，并迅速塞上棉塞。再重新仔细灼烧接种环后，放回原处，并塞紧棉塞。

(2)试管穿刺接种　用接种针下段挑取斜面菌种，将接种针从半固体琼脂中心垂直刺入至底部约0.5cm处，然后沿原穿刺线将针退出，塞上试管塞，烧灼接种针。

(3)液体接种　与斜面接种基本相同，只不过待接试管中的培养基为液体培养基。蘸取斜面菌种后，接种环应在液体培养基中振摇几下，使得接种环上的培养物能够分散到液体培养基中。

(4)平板划线接种　用接种环蘸取少量的斜面菌种，在平板的边缘上反复划几次，然后将接种环置于酒精灯火焰上反复灼烧。待接种环冷却后，再将其置于平板上涂有菌液的末端，开始第二次划线。操作完成后，将接种环再次置于酒精灯火焰上，以杀灭残存的微生物。

2. 培养

将接种后的试管/平板放置适温培养(大肠埃希菌培养温度为36℃±1℃，酵母菌培养温度为28℃±1℃)2d。

3. 观察记录

观察各种接种方法的培养结果，并记录菌种生长状态。

五、实验结果

(1)观察并描述同一菌种在斜面、半固体及液体培养基中的培养特征。

(2)观察并描述大肠埃希菌和酵母菌在平板划线培养时的菌落特征。

(3)也可以参考实验5复习细菌个体形态的观察，参考实验10复习酵母菌个体形态观察。

六、注意事项

(1)接种环或接种针灭菌时，应将其垂直放在火焰上灼烧。镍铬丝部分(环和丝)必须烧红，以达到灭菌目的，然后将除手柄部分的金属杆全用火焰灼烧一遍，尤其是接镍铬丝的螺口部分，要彻底灼烧以免灭菌不彻底，斜面接种尤其要注意。

(2)划线时接种环要紧贴培养皿表面，勿使平板表面划破或嵌入培养基内，以免影响单菌落的形成。

【思考题】

1. 什么是接种？接种的方法有哪些？接种时应注意哪些问题？
2. 一般从哪几个方面描述某一微生物的菌落特征？
3. 同一菌种在不同培养基上的菌落特征是否相同，为什么？

实验 14　放线菌和霉菌的接种技术及形态特征观察

一、实验目的

1. 学习放线菌和霉菌的接种方法。
2. 观察放线菌和霉菌代表种的个体和群体形态特征。

二、实验原理

放线菌和霉菌一般由分枝状菌丝组成。放线菌菌丝可分为基内菌丝（营养菌丝）、气生菌丝和孢子丝 3 种。放线菌属于原核生物，菌丝单核或多核，生长到一定阶段，大部分气生菌丝分化成孢子丝，通过横割分裂的方式产生成串的分生孢子，孢子丝形态多样，有直、波曲、钩状、螺旋状、轮生等多种形态。放线菌菌落早期绒状同细菌菌落相似，后期形成孢子的菌落呈粉状、干燥，有各种颜色呈同心圆放射状。

霉菌在固体培养基上生长时形成营养菌丝和气生菌丝，气生菌丝间无毛细管水。霉菌的菌落与细菌和酵母菌的不同，与放线菌接近，霉菌的菌丝宽度一般 10 倍于放线菌菌丝，因此菌落形态较大，质地比放线菌疏松，外观干燥，不透明，呈现或紧或松的蛛网状、绒毛状或棉絮状。菌落正反面的颜色及边缘与中心的颜色常不一致，其原因是由气生菌丝分化出来的子实体和孢子的颜色往往比营养菌丝的颜色深，菌落中心气生菌丝的生理年龄大于菌落边缘的气生菌丝，其发育分化和成熟度较高，故颜色较深，造成菌落中心与边缘气生菌丝在颜色与形态结构上的明显差异。霉菌菌丝分为无隔和有隔两大类。基内菌丝和气生菌丝都会分化出不同的特殊结构，如假根、匍匐枝、子实体等。

放线菌、霉菌的个体形态观察除使用传统水浸片之外，还可以采用胶带法、插片法和小室培养法等方法进行取样或培养观察。其特征是分类鉴定的重要形态学指标。

三、实验材料

1. 菌种

灰色链霉菌、黑曲霉、青霉、毛霉、根霉、木霉等。

2. 培养基

高氏Ⅰ号培养基（附录 A3）、PDA 培养基（附录 A4）；乳酸石炭酸棉蓝染色液（附录 B8）。

3. 仪器与用具

培养皿、接种环、超净工作台、恒温培养箱；盖玻片、载玻片、透明胶带。

四、实验内容

实验操作流程：①倒平板→接种→培养→制作菌体玻片→观察(个体形态)
②倒平板→接种→培养→观察(菌落)

1. 倒平板

将高氏Ⅰ号培养基和马铃薯蔗糖琼脂(PDA)培养基融化后，分别倒入灭菌培养皿中(每个平皿15~20mL)，凝固后待用。

2. 接种

用接种环沾取灰色链霉菌(或黑曲霉)斜面培养物少许，划线接种于高氏Ⅰ号培养基平板(或PDA培养基平板)上，置于28℃恒温培养箱中培养3~5d。

3. 显微观察个体形态制片

(1)制水浸片　滴加一小滴乳酸石炭酸溶液于载玻片中央，用接种针挑取菌落边缘少量菌丝体置于其中，轻轻拨动展开，盖上盖玻片，显微观察。

(2)胶带法　无菌操作取1cm宽的透明胶带，胶带粘贴放线菌或霉菌菌落后，轻轻贴压在载玻片上，显微观察。

(3)插片法　取灭菌载玻片，无菌操作以45°斜角插入划线接种的培养基平板上，然后置于28℃恒温培养箱中培养3~5d，取出载玻片，轻轻放在滴加乳酸石炭酸溶液的载玻片中央，用吸水纸吸去多余液体，显微观察。

4. 培养观察

(1)观察菌落形态。

(2)观察放线菌、霉菌的个体形态，如曲霉菌丝体、足细胞，注意分生孢子结构；青霉菌丝体及分生孢子结构；根霉菌丝、假根、匍匐枝、孢子囊结构；毛霉菌丝、孢子囊结构。

五、实验结果

(1)作图并记录放线菌和霉菌的菌落形态和特征。

(2)作图并记录放线菌和霉菌的典型个体形态特征。

六、注意事项

(1)菌落培养时，尽可能不要来回移动培养皿，以免霉菌孢子散落逸放。

(2)个体观察时，制水浸片要避免产生气泡；胶带法要避免指纹的影响；插片法要注意盖玻片插入培养基的角度和深度。

【思考题】

1. 霉菌的菌落具有什么特征？
2. 放线菌的菌落具有什么特征？
3. 微生物的菌落特征受哪些因素影响？

实验 15　菌种保藏技术

一、实验目的

1. 了解几种保藏菌种的基本原理。
2. 掌握甘油保藏法和冷冻真空干燥保藏法。

二、实验原理

菌种保藏的原理是人工创造一个低温、干燥、缺氧、缺乏营养素及添加保护剂等环境条件，将微生物的新陈代谢作用限制在最低范围内，生命活动基本处于休眠状态，而又使菌种达到不变异和不死亡。此外，若要达到长期保藏菌种的目的还必须选用典型优良纯培养物，并尽量采用其休眠体(如细菌的芽孢、真菌的孢子等)与尽量减少传代次数。菌种保藏方法很多，有简易的斜面划线或半固体穿刺低温保藏法、液体石蜡保藏法、甘油保藏法、沙土管保藏法，以及复杂的冷冻真空干燥保藏法、液氮超低温保藏法等。

每种保藏方法都有其适用范围，要根据被保藏菌种的特性选择适宜的保藏方法。例如，有的微生物不耐冷，可采用真空干燥保藏法而不选择冷冻真空干燥保藏法；有的不耐干燥，则最好不选择沙土管保藏法。

三、实验材料

1. 菌种

待保藏的细菌、放线菌、酵母菌和霉菌。

2. 培养基及试剂

牛肉膏蛋白胨斜面和半固体深层培养基(培养细菌，附录 A1)、麦芽汁斜面和半固体培养基(培养酵母菌，附录 A2)、高氏Ⅰ号琼脂斜面(培养放线菌，附录 A3)、PDA 斜面培养基(培养霉菌，附录 A4)、LB 液体培养基(培养细菌，附录 A1)、12%~15%的脱脂乳(附录 B15)、无菌水、无菌液体石蜡、2%和 10%盐酸溶液、无菌甘油(丙三醇，AR)、五氧化二磷或无水氯化钙。

3. 仪器与用具

接种环、接种针、无菌滴管、无菌吸管(1mL、5mL)、10mm×100mm 小试管、带螺口盖和密封圈的无菌试管或 1.5mL 无菌 Eppendorf 管、100mL 的锥形瓶、40 目与 100 目筛子、安瓿管(或西林瓶)、无菌长颈毛细滴管或长注射器针头、冰箱、6L 冷冻真空干燥机、离心机、空气泵、高压灭菌锅、火焰封口器(液化气火焰喷枪)等。

四、实验内容

(一)甘油保藏法(适用于细菌保藏)

实验操作流程：无菌甘油制备→接种、培养与保藏→复苏(验证活性)

1. 无菌甘油制备

将甘油(丙三醇)置于100mL的锥形瓶内，每瓶装10mL，塞上棉塞，外包牛皮纸，0.1MPa灭菌20min后，置于40℃恒温箱中2周，蒸发除去甘油中的水分，经无菌检查后备用。

2. 接种、培养与保藏

挑取一环菌种接入LB液体培养基试管中，37℃振荡培养至充分生长。用无菌吸管吸取0.85mL培养液，置入一支螺口冻存管或一支1.5mL的离心管中，再加入0.15mL无菌甘油，封口，振荡混匀；也可刮取培养物斜面上的孢子或菌体，与甘油混匀后加入冻存管内。注意：甘油使用浓度为10%~20%。然后将其置于乙醇-干冰或液氮中速冻。标记后放置盒中，最后置-70℃超低温冰柜抽屉中或-20℃低温冰柜中保藏。

3. 复苏

保藏到期后，取用时用接种环从冻结的表面刮取培养物，接种至LB斜面上或LB液体培养基中，37℃培养48h，待长出菌体或出现混浊现象即可继续使用。

(二)冷冻干燥保藏法(适用于各类微生物的保藏)

实验操作流程：准备安瓿管→菌悬液的制备→分装安瓿管→预冻→冷冻真空干燥→真空熔封→真空度检测→保藏→质量检查(验证活性)

1. 准备安瓿管

安瓿管先用2%盐酸溶液浸泡8~10h，再经自来水冲洗多次，用蒸馏水浸泡至pH值中性，最后烘干。干燥后贴上标签，标上菌号及时间，加入脱脂棉塞后，121℃下高压灭菌15~20min，备用。

2. 菌悬液的制备

将培养好的菌种斜面培养物分别加入12%脱脂乳保护剂2~3mL，用接种环轻轻刮下培养物，制成10^8~10^{10}个/mL菌悬液。

3. 分装安瓿管

每管分装量0.1~0.2mL，分装安瓿管时间尽量要短，最好在1~2h内分装完毕并预冻。分装时应注意在无菌条件下操作。

4. 预冻

将装有菌悬液的安瓿管直接放在低温冰柜中(-45~-35℃)，或置于-70~-30℃的干冰-无水乙醇浴中预冻。

5. 冷冻真空干燥

将安瓿管逐一连接于多歧管上，于0.025 0~0.013 3MPa真空度、冷阱温度-50℃

条件下进行升华干燥。干燥后样品呈白色疏松状态，稍一振动即脱离管壁。

6. 真空熔封

冻干结束，在保持0.025MPa真空度的条件下，直接在冻干机的多歧管架上用连接空气泵的液化气火焰(蓝色细火焰)在安瓿管的细颈处熔封。

7. 真空度检测

熔封后的干燥管可采用高频电火花真空测定仪测定真空度。

8. 保藏

将合格的安瓿管或西林瓶置于4℃冰箱中低温避光保存。

9. 质量检查

冷冻干燥后抽取若干支安瓿管或西林瓶进行各项指标检查，如存活率、生产能力、形态变异、杂菌污染等。因此，冻干样品的实际数量要多于所需样品的数量。

五、实验结果

(1)列表说明5种常用简易方法的保藏原理，适合保藏微生物类型、保藏温度、保藏时间，比较优缺点。

(2)菌种保藏到期后，将菌种活化检查保藏结果。

(3)用标准平板活菌计数法检验发酵剂菌种低温冷冻干燥后的存活率。

六、注意事项

(1)菌种保藏前一定要注意菌种纯度检查，保证保藏样品的纯度。

(2)保藏后要检验样品的存活性。

【思考题】

1. 简述微生物菌种保藏的一般原理。
2. 实验室中最常用哪一种简便方法保藏细菌?
3. 简述冷冻真空干燥保藏法的原理及其突出优点。
4. 制备菌悬液过程中为什么要加入保护剂?
5. 在冷冻真空干燥保藏法中为什么必须先将菌悬液预冻后才能进行真空干燥?

微生物生理生化常规检定技术

微生物的生理生化反应实验是验证某种微生物的指针性实验。微生物营养、代谢和生长是在特定条件下，通过一系列的生物化学反应完成的。影响微生物生长的特征性反应有很多，包括环境因素，如温度、pH 值、气体、渗透压等引起的生理生化反应；也包括化学底物、酶等的不同引起的颜色变化等系列反应。

本部分选取一些共性的实验，包括温度、酸度对其生长的影响；微生物特征代谢物的颜色反应；微生物生长曲线的测定等。

实验 16　细菌生长曲线的测定

实验 17　温度对微生物生长的影响

一、实验目的

1. 了解温度对微生物生长的影响。
2. 学习和掌握最适生长温度的测定。

二、实验原理

微生物的生命活动，必须在一定温度范围内进行，温度过高或过低，均会影响其代谢方式和生长速度，甚至可能致死微生物。微生物生长的最高、最适和最低温度常常是某些细菌鉴定的特征之一。最适生长/发酵温度测定更多用于发酵工业。

最适生长温度是微生物生长最快的温度。最适发酵温度是微生物获得某种代谢物的最佳温度。不同微生物最适生长温度不同，同一种微生物的最适生长温度和最适发酵温度也可能不同。

微生物的某些特殊结构对热、紫外线、化学药物等的抗性要强于其营养体细胞，如芽孢，在高温下不容易致死。其他的抗性结构还有细菌的孢囊和真菌的厚壁孢子。可以通过测定致死温度确定杀菌效率。

三、实验材料

1. 菌种

大肠埃希菌、枯草芽孢杆菌、酿酒酵母。

2. 培养基

牛肉膏蛋白胨斜面和液体培养基(附录 A1)、豆芽汁葡萄糖斜面和液体培养基(附录 A5)。

3. 仪器与用具

无菌操作台、高温高压灭菌锅、恒温培养箱、试管、接种环、酒精灯等。

四、实验内容

实验操作流程：接种→培养→结果观察

1. 接种

在牛肉膏蛋白胨培养基斜面分别接种大肠埃希菌和枯草芽孢杆菌，豆芽汁葡萄糖培养基斜面接种酿酒酵母，同时细菌和酵母菌设不接种的空白对照。

2. 培养

接种好的斜面分别置于 4℃、28℃、37℃、45℃ 四种温度下培养，每个菌株每个温度条件分别培养 2 支。

3. 结果观察

培养 48h 后观察、记录并分析细菌和酵母菌的生长情况。

五、实验结果

将实验结果记录在表 17-1 中。

表 17-1 不同温度对微生物生长的影响

菌 名	4℃	28℃	37℃	45℃
对照斜面				
大肠埃希菌				
枯草芽孢杆菌				
酿酒酵母				

注：“-” 不生长；“+” 生长差；“++”生长一般；“+++” 生长良好。

【思考题】

1. 利用温度对微生物生长的影响，如何控制微生物的生长与繁殖？
2. 为什么芽孢对热的抵抗力强于营养体？

实验18 pH值对微生物生长的影响

实验19 微生物(细菌)鉴定用典型生理生化实验

一、实验目的

1. 了解细菌鉴定中典型生理生化反应的原理并能熟练操作各种实验。
2. 掌握细菌糖发酵等实验的操作及其实际意义。

二、实验原理

微生物分类鉴定的经典方法中，除形态学特征之外，还包括许多生理生化指标的鉴别。

以细菌为例，不同种属的细菌所含酶系不同，对营养物质的分解利用能力和方式也不一样，代谢产物也存在差别，因此可用生理生化实验检测细菌对各种基质的代谢作用及其产物，对细菌的种属加以鉴别。生理生化实验所反映的结果相对稳定，是研究细菌分类鉴定的重要依据之一。

1. 糖发酵实验

糖发酵实验是鉴别微生物(特别是肠道细菌)最常用的生理生化反应。绝大多数细菌都能利用糖类作为碳源和能源，但是由于酶系不同，不同细菌对不同糖类的利用能力和方式存在很大差异。有些细菌能发酵葡萄糖，而不能分解乳糖(如变形杆菌)；有些细菌能分解某种糖产酸(如乳酸、乙酸、丙酸等)并产气(如氢气、甲烷、二氧化碳等)；有的则只产酸不产气。例如，大肠埃希菌能分解葡萄糖和乳糖产酸并产气；伤寒沙门菌分解葡萄糖产酸不产气，不能分解乳糖；普通变形杆菌分解葡萄糖产酸产气，不能分解乳糖。在配制培养基时预先加入酸碱指示剂——溴甲酚紫[pH 5.2(黄色)~6.8(紫色)]

或溴麝香草酚蓝(pH 7.6~6.0)，当发酵产酸时，培养基由紫色或蓝色变为黄色；气体的产生则可由培养试管中倒置的杜氏小管(杜兰管)中有无气泡来证明。

2. IMViC 实验

IMViC 实验是吲哚实验(indol test)、甲基红实验(methyl red test，MR 实验)、伏-普实验(Voges-Prokauer test，V-P 实验)和柠檬酸盐实验(citrate test)的缩写，是 4 个主要用来鉴别大肠埃希菌和产气杆菌等肠道杆菌的实验。

(1)吲哚(靛基质)实验　某些细菌能合成色氨酸酶，分解色氨酸产生靛基质(吲哚)。吲哚本身无色，但可与二甲基氨基苯甲醛结合，形成红色的玫瑰靛基质或玫瑰吲哚。大肠埃希菌吲哚反应呈阳性(红色)，产气杆菌呈阴性。

(2)甲基红实验　用来检测细菌分解糖类物质产生的有机酸。有些细菌(如大肠埃希菌)将培养基中的糖分解为丙酮酸，丙酮酸进一步反应形成甲酸、乙酸、乳酸、琥珀酸等，使培养基的 pH 值降到 4.5 以下，若加入甲基红指示剂[变色范围：pH 4.4(红色)~6.2(黄色)]，培养基便由原来的黄色变为红色，即甲基红实验阳性。虽然所有肠道菌皆可发酵葡萄糖产生有机酸，但本实验仍可区分大肠埃希菌和产气杆菌。二者在培养初期均可产生有机酸，但大肠埃希菌在培养终了仍可维持低酸性(pH 4)，产气杆菌则于后期将酸性产物转为非酸性(偏中性)末端产物，使 pH 值升高至 6，尽管仍呈酸性，但甲基红有转黄的趋势，即甲基红实验阴性反应，产生的非酸性产物可用 V-P 实验检测到。

(3)伏-普实验　用来检测细菌利用葡萄糖产生非酸性或中性末端产物的能力。某些细菌(如产气杆菌)分解葡萄糖成丙酮酸，再将丙酮酸缩合脱羧形成乙酰甲基甲醇，此物质在碱性条件下被空气中的氧气氧化为二乙酰。培养基蛋白胨中的精氨酸含有胍基，二乙酰与胍基作用，生成红色化合物(V-P 阳性)，阴性反应无红色化合物形成。有时为了使反应更为明显，可加入少量含胍基的化合物，如肌酸等。

(4)柠檬酸盐(利用)实验　柠檬酸(枸橼酸)盐培养基中柠檬酸钠为唯一碳源，磷酸二氢铵是唯一氮源。一般细菌能利用磷酸二氢铵作氮源，但不能以柠檬酸盐作碳源。有的细菌(如产气杆菌)，能利用柠檬酸钠为碳源，可在柠檬酸盐培养基上生长，并分解柠檬酸盐及培养基中的磷酸铵产生碱性化合物，使培养基 pH 值升高，变为碱性，培养基中的溴麝香草酚蓝指示剂(pH<6.0 时呈黄色，pH 6.0~7.6 时为绿色)便由绿色变为深蓝色。不能利用柠檬酸盐作为碳源的细菌，在该培养基上不生长，培养基不变色。

3. 硫化氢实验

某些细菌(如副伤寒沙门菌)能分解含硫氨基酸(胱氨酸、半胱氨酸和甲硫氨酸等)产生硫化氢，硫化氢与培养基中的重金属盐类(如铁盐或铅盐)反应，形成黑色的硫化铁或硫化铅沉淀，为硫化氢实验阳性。培养基中含有硫代硫酸钠，是一种还原剂，能使形成的硫化氢不再被氧化。当所供应的氧足以供应细胞代谢时，则不会产生硫化氢，因此不能使用通气过多的培养方式(如斜面培养)，而应采用穿刺接种方式。

4. 明胶液化实验

蛋白质和氨基酸一般作为微生物的氮源，当缺乏糖类物质时，它们也可作为微生物的碳源和能源。明胶在 25℃ 以下可维持凝胶状态而呈固体，25℃ 以上时液化。有些微生物可产生明胶酶(胞外酶)，水解这种蛋白质，而使明胶液化，甚至在4℃仍能保持液化状态。

5. 尿素分解实验

有些细菌含有脲酶，能分解培养基中较多量的尿素，产生大量的氨，使培养基pH值升高，并使指示剂(酚红)由黄色变为粉红色。反应式如下：

$$O=C(NH_2)_2 + 2H_2O \xrightarrow{\text{脲酶}} (NH_4)_2CO_3 \rightarrow 2NH_3 + H_2CO_3$$

三、实验材料

1. 菌种

大肠埃希菌、变形杆菌、枯草芽孢杆菌、伤寒沙门菌、产气杆菌、待鉴定的未知菌种、金黄色葡萄球菌和铜绿假单胞菌的斜面或平板单菌落。

2. 培养基及试剂

糖发酵培养基(葡萄糖、乳糖、蔗糖)(附录A6)、蛋白胨水培养基(附录A7)、硫化氢实验培养基(附录A8)、明胶液化培养基(附录A9)、柠檬酸盐培养基(附录A10)、靛基质培养基(附录A11)、葡萄糖蛋白胨水培养基(附录A12)、尿素培养基(附录A13)，甲基红试剂(附录B9)、V-P试剂(附录B10)。

3. 仪器与用具

超净工作台、恒温培养箱、高压蒸汽灭菌锅、试管、移液管、杜氏小管、接种环、接种针、试管架、记号笔、酒精灯等。

四、实验内容

实验操作流程：培养基准备和菌种活化(提前准备)→接种→培养→观察记录实验结果

(一) 糖发酵实验

1. 培养基准备

蛋白胨水或肉膏汤培养基(pH 7.4~7.6)100mL；所需糖或醇类物质0.5~1g；加热溶解后加1.6%溴甲酚紫乙醇溶液0.1mL。分装于试管内，每管分装约5mL，管内倒置杜氏小管，使其充满培养液。高压灭菌0.06MPa、30min。

2. 接种

取4支葡萄糖发酵培养基，1支接种大肠埃希菌，1支接种变形杆菌，1支接种未知菌，1支不接种作为对照(3个小组共用，下同)；另取4支乳糖发酵培养基。1支接种大肠埃希菌，1支接种变形杆菌，1支接种未知菌，1支不接种作为对照。接种后，轻轻摇动试管，使其均匀，并防止气泡进入倒置的杜氏小管。

3. 培养

将已接种好的培养基置37℃恒温箱中培养，分别在培养24h、48h和72h观察结果。

4. 观察记录

与对照管比较，若接种液保持原有颜色，其反应结果为阴性，表明该菌不利用该种糖，记录用“-”表示；如培养液呈黄色，反应结果为阳性，表明该菌能分解该种糖产酸，记录用“+”表示；培养液中的小管内有气泡为阳性反应，表明该菌分解糖能产酸并产气，记录用“⊕”表示；如小管内没有气泡为阴性反应，记录用“⊖”表示。

（二）IMViC 实验

1. 吲哚实验

取4支1~1.5mL的胰蛋白水培养基，1支接种大肠埃希菌，1支接种产气杆菌，1支接种未知菌，1支不接种作为对照。37℃培养24~72h后，沿试管壁缓缓滴加数滴吲哚试剂于培养物液面，观察结果。若颜色不明显，可加1~2mL乙醚（或正丁醇）至培养物中，充分振荡，若培养物中有吲哚存在，便被萃取至乙醚层中，静置片刻乙醚层便浮于培养液上面，遇到靛基质试剂后颜色反应较明显。阳性结果可见接触面出现玫瑰色环，阴性者无色泽改变（仍为黄色）。

注意事项：①吲哚实验的蛋白胨以胰胨制成最好，因色氨酸含量丰富。②加入吲哚试剂后，切勿摇动试管，以防破坏乙醚层而影响结果观察。

2. 甲基红实验

取4支2mL的葡萄糖蛋白胨水培养基，标记同上，1支接种大肠埃希菌，1支接种产气杆菌，1支接种未知菌，1支不接种作为对照。37℃培养48h，加甲基红指示剂数滴，观察结果。呈现红色者为阳性，呈现黄色者为阴性。

3. 伏-普实验

取4支葡萄糖蛋白胨水培养基，1支接种大肠埃希菌、1支接种产气杆菌、1支接种未知菌，1支不接种作为对照。37℃培养48h后，加入40%氢氧化钾5~10滴，然后再加入等量的5%α-萘酚溶液，用力振荡，再放入37℃恒温箱中，以加快反应速度。观察培养基的颜色变化。5~10min内若培养物呈现红色，为伏-普反应阳性。

4. 柠檬酸盐利用实验

取4支柠檬酸钠斜面培养基，1支接种大肠埃希菌、1支接种产气杆菌、1支接种未知菌，1支不接种作为对照。37℃培养24h观察结果。培养基变深蓝色者为阳性。培养基不变色，则继续培养5~7d，培养基仍不变色者为阴性。

（三）硫化氢实验

1. 硫化氢实验培养基

准备半固体或液体硫酸亚铁琼脂培养基。

2. 穿刺接种法（方法1）

取4支硫酸亚铁琼脂半固体培养基，1支接种大肠埃希菌，1支接种变形杆菌，1支接种未知菌，1支不接种作为对照。适温培养2~4d观察结果。如培养基中出现黑色沉淀线者为阳性反应。同时，观察接种周围有无向外扩展现象，如有则表示该菌有运动能力。

注意事项：穿刺接种时，接种针一定要直，蘸取菌种后接种要垂直刺入，然后沿原穿刺线将针拔出。

3. 醋酸铅试纸法(方法2)

取4支硫酸亚铁液体培养基，1支接种大肠埃希菌，1支接种变形杆菌，1支接种未知菌，1支不接种作为对照。在试管的棉塞下吊一片醋酸铅试纸，适温培养2~4d观察结果。如果醋酸铅试纸变黑则为阳性。

醋酸铅试纸可购买或自制。制法：将普通滤纸浸在1%醋酸铅溶液中，取出晾干，高压灭菌后105℃烘干备用。

(四) 明胶液化实验

取4支营养明胶板固体培养基，采用穿刺接种的方法，1支接种大肠埃希菌，1支接种枯草芽孢杆菌，1支接种未知菌，1支不接种作为对照。37℃培养48h后，将明胶培养基轻轻放入4℃冰箱30min，观察明胶的液化状况。

(五) 尿素分解实验

准备固体斜面尿素培养基；将大肠埃希菌及变形杆菌接种于两支尿素培养基中，标记；37℃培养18~24h后观察结果，培养基呈红色者为阳性反应。

五、实验结果

将实验结果记录于表19-1中。

表19-1 微生物生理生化实验结果记录

编号	大肠埃希菌	枯草芽孢杆菌	产气杆菌	未知菌	空白对照
葡萄糖发酵实验					
乳糖发酵实验					
吲哚实验					
甲基红实验					
伏-普实验					
柠檬酸盐利用实验					
硫化氢实验					
明胶液化实验					
尿素分解实验					

【思考题】

1. 如何设计一个实验对某一未知菌进行分类鉴定？
2. 明胶试管可以在37℃培养，在接种培养后必须采取什么措施才能证明液化的存在？
3. 通过哪些生理生化反应可以区分大肠埃希菌和变形杆菌？

4. 甲基红实验和伏-普实验的最初作用物以及最终产物有何异同点？为什么会出现最终产物的不同？

5. 下图中左起第一支试管为空白对照管，请根据 IMViC 反应结果判断每幅图中的阳性反应管是大肠埃希菌、沙门菌还是产气杆菌？

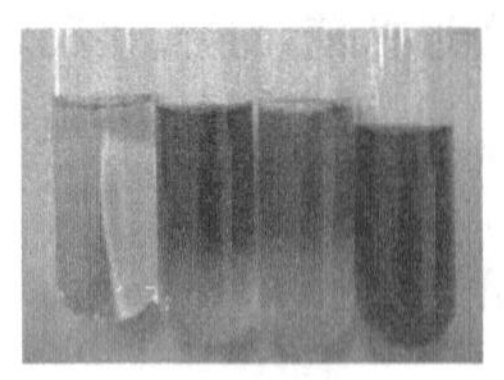
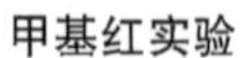
甲基红实验

吲哚实验

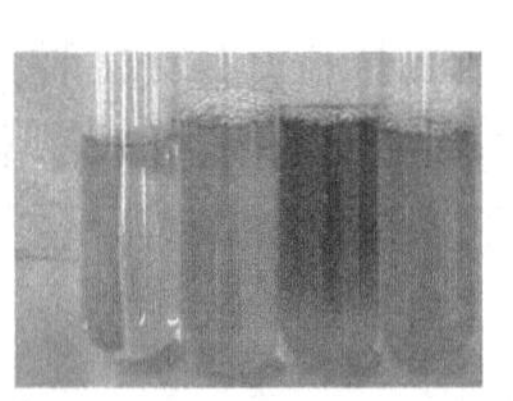
V-P 实验

柠檬酸盐利用实验

微生物免疫学实验技术

免疫学最早起源于微生物学中的病原微生物和病毒的研究，免疫学和微生物学有紧密的联系。基于免疫学的微生物相关检测包括抗原抗体制备和反应、免疫标记、免疫组化等技术。尤其在快速检测方面发展迅速，如免疫荧光检测沙门菌，ELISA 检测沙门菌、大肠埃希菌和流感病毒，免疫印迹检测幽门螺旋杆菌以及畜禽疫病病原，结合芯片、配体技术对食源性病原菌检测等。

本部分主要介绍抗原抗体的经典实验以及简单的免疫印迹方法，对抗原分类比较清晰的沙门菌进行免疫学介绍，目的是扎实基础和拓展知识面。

实验 20　凝集反应

一、实验目的

1. 学习 ABO 型血的鉴定原理和方法。
2. 观察红细胞凝集现象，掌握抗原抗体反应原理。

二、实验原理

用玻片或试管直接凝集实验测定血型的依据是红细胞膜上特异性的抗原抗体反应。在 ABO 血型系统中，红细胞膜上抗原分 A 和 B 两种抗原，而血清抗体分抗 A 和抗 B 两种抗体。A 抗原加抗 A 抗体或 B 抗原加抗 B 抗体，则产生凝集现象。

血型鉴定是将受试者的红细胞加入标准 A 型血清(含有抗 B 抗体)与标准 B 型血清(含有抗 A 抗体)中，观察有无凝集现象，从而测知受试者红细胞膜上有无 A 或 B 抗原。在 ABO 血型系统，根据红细胞膜上是否含 A、B 抗原而分为 A、B、AB、O 四型。

交叉配血是将受血者的红细胞与血清分别同供血者的血清与红细胞混合，观察有无凝集现象。为确保输血的安全，在血型鉴定后必须再进行交叉配血，如无凝集现象，方可进行输血。若稍有差错，就会影响受血者的生命安全，千万不可粗心大意。

三、实验材料

受检者血液、显微镜、离心机、采血针、玻片、滴管、1mL 吸管、小试管、试管架、牙签、消毒注射器及针头、碘酒、棉球、消毒棉签；标准 A、B 型血清、生理盐水、75%酒精。

四、实验内容

实验操作流程：加血清抗体→取血制备悬液→混匀→观察

1. 玻片法

(1)将标准 A 型与 B 型血清各 1 滴，滴在玻片的两侧，分别标明 A 与 B。

(2)用 75%酒精棉球消毒左手无名指端，用消毒采血针刺破皮肤。滴 1 滴血于盛有 1mL 生理盐水的小试管中，混匀制成红细胞悬液。

(3)用滴管吸取红细胞悬液，分别滴 1 滴于玻片两侧的血清上，用 2 支牙签分别混匀(注意严防两种血清接触)。

(4)15min 后用肉眼观察有无凝集现象，判定血型。

2. 试管法

(1)取小试管 2 支，分别标明 A、B 字样。

(2)分别加入 A、B 型标准血清与受试者的红细胞悬液各 1 滴，混匀后离心 1min (100r/min)。

(3)取出试管后，用手指轻弹试管底，使沉淀物被弹起，在良好的光源下观察结果。轻弹管底时，若沉淀物成团漂起，表示发生凝集现象；若沉淀物边缘呈烟雾状逐渐上升，最后使试管内液恢复红细胞悬液状态，表示无凝集现象。

五、注意事项

(1) 试管法较玻片法结果准确，试管、玻片要洁净。

(2) 吸取 A 型、B 型标准血清及红细胞悬液时，应使用不同的滴管。

(3) 肉眼看不清凝集现象时，在低倍显微镜下观察。

(4) 红细胞悬液及标准血清须新鲜，因为污染后会产生假阳性反应。

(5) 红细胞悬液不能太浓或太淡，否则可出现假阴性反应。

【思考题】

1. 制备红细胞悬液样品时，应选用什么溶剂？
2. 如何避免血清假性现象的产生？

实验21　沙门菌血清学鉴定

实验22　免疫沉淀实验

一、实验目的

1. 理解火箭免疫电泳的原理。
2. 掌握免疫沉淀实验操作方法。

二、实验原理

火箭免疫电泳(rocket immunoelectrophoresis，RIEP)是将单向免疫扩散和电泳技术相结合的一种定性/定量检测技术，常用于抗原的鉴别与测定。将含有已知抗体的琼脂浇制成琼脂凝胶板，冷却后在一端打一排小孔，小孔中加入待测抗原。通电后，孔板中的抗原因带负电荷会在电场作用下由负极向正极移动，迁移中抗原与凝胶中的抗体接触，形成火箭状沉淀弧。随着抗原持续移动，原来的沉淀弧由于抗原过量而重新溶解，新的沉淀弧也不断向前推移，最后抗原抗体在最适比例处，形成稳定的火箭状沉淀弧。当抗体浓度一定时，沉淀峰高度与抗原浓度成正比。将沉淀峰高度与事先用已知不同浓度标准抗原制成的标准曲线进行比较，即可得出样本中待测抗原的含量。

三、实验材料

1. 试剂

pH 8.6 的 0.05mol/L 巴比妥-巴比妥钠缓冲液(附录 B21)、优质琼脂或琼脂糖、已知浓度和未知浓度的抗原及抗血清。

2. 仪器

电泳仪、电泳槽、载玻片、微量加样器、打孔器等。

四、实验内容

实验操作流程：抗体琼脂板的制备→打孔→加样→电泳→结果判定

1. 抗体琼脂板的制备

用 pH 8.6 的 0.05mol/L 巴比妥-巴比妥钠缓冲液分别配制成 2%琼脂(琼脂糖)和适量抗血清，置于 56℃水浴中保温；将二者充分混匀后，取 4mL 左右血清琼脂浇注于载玻片上，厚度为 2~3mm，制成免疫琼脂板，冷却备用。

2. 打孔

用打孔器在每个琼脂板上如图 22-1 所示，在一侧打孔，孔径 3mm，孔距 6mm，小心挑除孔内琼脂，并封底，孔的数量根据需要而定。

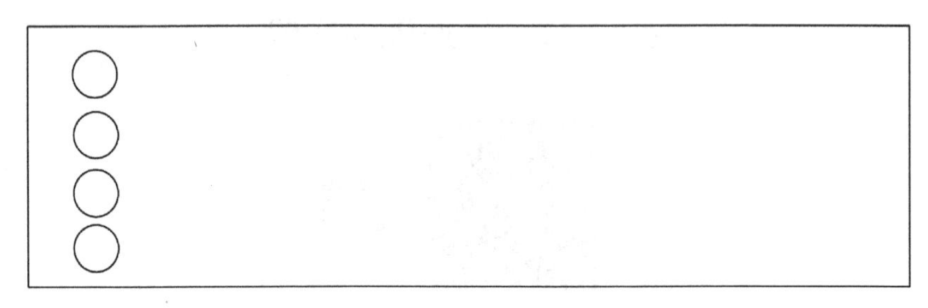

图 22-1 火箭免疫电泳打孔示意图

3. 加样

用微量加样器向孔内加入系列稀释的已知浓度的标准抗原和未知浓度的待检抗原，每孔 10μL。

4. 电泳

把加完样的免疫琼脂板放入盛有巴比妥-巴比妥钠缓冲液的电泳槽中进行电泳，有孔一端置于阴极，泳动方向由阴极至阳极，琼脂板两端覆以 3 层滤纸作为电桥，大小与板相仿。接通电源，板端电压 3V/cm，电流强度 3mA/cm，电泳 1~5h，直到大部分抗原孔前端出现顶端尖窄而完全闭合的火箭状沉淀线，关闭电源。

5. 结果判定

电泳毕，取出琼脂板，如沉淀峰清晰可见，可直接判读结果，否则依次用生理盐水、蒸馏水浸泡后，加 1%鞣酸冲洗琼脂板，晾干，即可观察与测定结果。也可以常规蛋白质染色法染色后观测结果。

测定结果的方法有两种：一是测量沉淀峰的高度(自孔中央至峰尖)，以 mm 计；另一是以求积仪测量沉淀峰的面积，以 mm^2 计。前者较简便，后者较准确。根据测定的结果，从标准曲线中计算出待检标本中的抗原含量。

标准曲线制作(选做)：用上述选择好的最适浓度抗血清制备琼脂板。打孔，加入合适比例的 5~10 个标准抗原浓度，反复实验 10 次，取每次电泳后所测定的沉淀峰高度(或面积)的平均值，绘出标准曲线。

五、实验结果

加外标判定，和标准品出现位置相同的确定为相同抗原抗体反应；定量法根据待检样品的火箭峰高度，从标准曲线上求得相应浓度。

六、注意事项

(1)所用琼脂或琼脂糖应是无电渗或电渗很小，否则火箭峰形状不规则。

(2)加入的抗体量要合适，以保证抗原、抗体的合适比例，以便形成清晰的沉淀峰。抗体的准确用量应通过预实验来决定，即加入不同量的抗血清，用一定量的抗原进行火箭电泳，选出沉淀峰在2~5cm之间的相应抗体浓度就是合适的抗体用量。

(3) 当待测样品数量多时，电泳板应先置于电泳槽上搭桥并开启电源(电流要小)后加样，否则易形成宽底峰形，定量不准。

(4)一定条件下，电泳时间要根据沉淀峰的形成情况而定，如形成尖角峰形则表示已无游离抗原，呈不清晰云雾状或钝圆形，表示未达终点。

【思考题】

1. 举例说明，如何将该方法应用到微生物抗原检测？
2. 分析火箭电泳成像不清晰的原因？

综合实验

综合实验不仅是多种实验技术的综合运用，尤其要求发挥学生的自主性，将简单的验证性实验综合设计与学生的自主性探索有机结合的一类实验。

综合实验是实践性学科的一个重要过渡阶段，本教材从独立的单一实验开始，该阶段一般只运用一种实验技术；随着知识的积累和学习的深入，逐步过渡到结合 2 种到 3 种实验技术的较复杂实验。综合实验是锻炼学生对微生物培养、分离、纯化、鉴定等全过程的运用能力，对微生物显微技术、染色技术、培养和保藏技术等实验技能进行综合运用，为将来的毕业设计奠定基础。

综合实验具有一定挑战性，考核同学们对知识的理解和应用，并不仅仅是依据实验步骤的一种简单重复。

实验23 微生物的分离、纯化技术
——以芽孢杆菌为例

一、实验目的

1. 学习从自然界采集样品，分离纯化微生物菌种的方法。
2. 复习微生物纯培养方法。
3. 掌握芽孢杆菌属常见种的分离、鉴定方法和技术。

二、实验原理

微生物在自然界中广泛存在，土壤是微生物的大本营，通常分离微生物选择土壤样本完成。

为了获得某种微生物的纯培养物，一般是根据该微生物的生理生化特性，如对营养、温度、酸碱度、氧等条件要求不同，而供给它适宜的培养条件，或加入某种抑制剂造成只利于此菌生长，而抑制其他菌生长的环境，从而淘汰那些不需要的微生物，再用稀释涂布平板法、稀释混合平板法或平板划线分离法等分离、纯化该微生物，直至得到纯菌种。常用的分离、纯化方法包括单细胞挑取法、稀释涂布平板法、稀释混合平板法、平板划线法、毛细管分离法、显微操作单细胞分离法等。

芽孢杆菌能产生芽孢，在沸水中加热不会致死，但是会杀死普通的营养细胞，可基于此得到芽孢菌属菌株，然后经过进一步的分离及生理生化鉴定确定芽孢杆菌种属。

三、实验材料

1. 样品

土壤样品(菜园土)。

2. 培养基及试剂

牛肉膏蛋白胨固体及半固体培养基(附录A1)、淀粉培养基(附录A15)、孔雀绿溶液(附录B5)、番红复染液(附录B4)、氢氧化钠溶液等。

3. 仪器与用具

培养皿、试管、试管架、玻璃珠、锥形瓶、烧杯、移液管、载玻片、涂布棒、接种环、酒精灯、铲子、牛皮纸袋、记号笔、显微镜、灭菌锅、水浴锅、培养箱等。

四、实验内容

实验操作流程：实验材料准备→样品采集→样品稀释→微生物分离→纯培养获得→菌种鉴定

1. 实验材料准备

准备1周实验所需要的培养基并灭菌，准备牛皮纸袋、取样铲、灭菌称量纸、灭菌研钵、平板、移液管或移液枪，其他用品备用。

2. 样品采集

从果园内腐殖质较丰富土壤中取样，用灭菌铲子刮去表面5cm的浮土，取5~25cm深的土样10~25g，装入事先灭菌的牛皮纸袋中封好。记录地点、时间及其他环境条件。

若不能及时分离，应将取好的土样混匀，取3~4g撒到试管斜面上，这样可避免菌株因不能及时分离而死亡。

3. 样品稀释

准确称取待测样品10g，放入装有90mL无菌水并放有小玻璃珠的250mL锥形瓶中，摇动片刻后放到80℃水浴锅15~30min。摇动后静置20~30s，即成10^{-1}稀释液；再用1mL无菌吸管(或移液枪+1mL无菌枪头)，吸取10^{-1}上清液1mL，移入装有9mL无菌水的试管中，吹吸3次，让菌液混合均匀，即成10^{-2}稀释液；再换1支无菌吸管(或枪头)，吸取10^{-2}稀释液1mL，移入装有9mL无菌水的试管中，也吹吸3次，即成10^{-3}稀释液(即土壤悬浊液)。其间可以准备培养基平板。

以此类推，连续稀释制成10^{-4}、10^{-5}、10^{-6}、10^{-7}、10^{-8}……一系列稀释菌液，这就是10倍梯度稀释法。

4. 培养及纯化

分别吸取10^{-2}和10^{-3}土壤悬浊液各0.2mL滴加到上述牛肉汤蛋白胨培养基平板上(每种稀释度做2个平行皿涂板)，用涂布棒均匀涂布，并将培养基倒置于37℃恒温培养1~2d；选取2~10个单菌落，在牛肉膏蛋白胨培养基上划线分离纯化(见本实验后参考资料)，经菌落特征的观察和镜检，确定是芽孢杆菌属纯种后，从中选择1~2株转接于牛肉膏蛋白胨斜面上，置37℃培养1~2d后备用(参考实验7和实验13)。

镜检若发现不纯，应挑取此菌落做进一步划线分离，或制成菌悬液再做稀释分离，直至获得微生物的纯培养。

5. 菌种的鉴定

(1)形态学观察　单个菌体的形态、大小，确定革兰染色结果，芽孢染色结果；以及菌落形态的观察(参考实验2、3、6、7、13)。

(2)生理生化鉴定 V-P实验、淀粉水解实验(参考实验19、本实验参考资料)。

五、实验结果

(1)描述分离获得的芽孢杆菌形态学特性。

(2)生化鉴定结果填入表23-1。

表 23-1 菌种的形态学和部分生理生化特征鉴定结果

项　目	菌株 1	菌株 2	对照菌株	备注
革兰染色结果				
单个菌体的形态				
芽孢染色结果				
测量菌体大小				
过氧化氢酶				
需氧性				
V-P 实验				
淀粉水解				
结果				

注："+"表示阳性，"-"表示阴性。

六、注意事项

(1)取样后尽量在一周内完成实验。

(2)样品稀释时，每进行一个梯度的稀释都要更换一个吸管(枪头)。

【思考题】

1. 分离微生物的目的是什么？

2. 用稀释法分离，怎样保证准确并防止污染？用划线法分离，怎样保证得到相互分离的菌落，由菌落如何得到纯培养菌种？

3. 培养时，为什么要把已接种的培养皿倒置保温？

4. 如何确定平板上某单个菌落是否为纯培养？请写出实验的主要步骤。

5. 为什么将样品溶解后要水浴处理，并保持 15~30min？

实验24 厌氧菌的培养和滚管技术
——以双歧杆菌为例

一、实验目的

1. 掌握滚管分离、培养与计数技术。
2. 了解厌氧微生物的特点，观察厌氧菌(双歧杆菌)的形态特征。

二、实验原理

目前简便而又有效的厌氧微生物培养技术包括：厌氧箱培养技术、厌氧罐培养技术、厌氧袋培养技术及亨盖特厌氧滚管技术。

亨盖特厌氧滚管技术是美国微生物学家亨盖特(Hungate)于1950年首次提出并应用于瘤胃厌氧微生物研究的一种厌氧培养技术。此后这项技术又经历了几十年的不断改进，从而使亨盖特厌氧技术日趋完善，并逐渐发展成为研究厌氧微生物的一套完整技术，而且多年来的实践已经证明它是研究严格、专性厌氧菌的一种极为有效的技术。

亨盖特厌氧滚管培养技术不仅可以用于有益厌氧菌(如双歧杆菌)的分离与活菌培养计数，还可以用于有害腐败菌(如酪酸菌)或病原菌(如肉毒梭状芽孢杆菌)的分离与鉴定。

三、实验材料

1. 样品

双歧杆菌酸奶、双歧杆菌制剂等。

2. 培养基

改良的MRS培养基(附录A78)、PTYG培养基(附录A82)。

3. 仪器与用具

亨盖特厌氧滚管装置、厌氧管、滚管机、定量加样器等。

四、实验内容(使用高纯氮气制作培养基)

实验操作流程：铜柱除氧→预还原培养基→稀释液制备→稀释样品→滚管→培养→计数

1. 铜柱系统除氧

铜柱是一个内部装有铜丝或铜屑的硬质石英管或玻璃管。此管的大小为40～

400mm，两端被加工成漏斗状，外壁缠绕有加热带，并与变压器相连来控制电压和稳定铜柱的温度。铜柱两端连接胶管，一端连接钢瓶，另一端连接出气口。由于从钢瓶出来的气体(如 N_2、CO_2、H_2 等)通常都含有一定量的 O_2，故当这些气体通过温度约 360℃的铜柱时，铜和气体中的微量 O_2 反应生成 CuO，铜柱则由明亮的黄色变为黑色。当向氧化状的铜柱通入 H_2 时，H_2 与 CuO 中的氧就结合形成 H_2O，而 CuO 又被还原成了铜，铜柱则又呈现明亮的黄色。此铜柱可以反复使用。

2. 预还原培养基的制备

制作预还原培养基及稀释液时，先将配制好的培养基和稀释液煮沸去氧，而后用半定量加样器趁热分装到螺口厌氧试管中，一般琼脂培养基装 4.5~5.0mL，稀释液装 9mL，并通入 N_2 排氧。此时可以看到培养基内加入的氧化还原指示剂——刃天青由蓝到红最后变成无色，说明试管内已成为无氧状态，然后盖上螺口的丁烯胶塞及螺盖，灭菌备用。

3. 双歧杆菌样品不同稀释度的制备

在无菌条件下准确称取 1g 固体或用无菌注射器吸取 1mL 混合均匀的液体样品，加入装有预还原生理盐水的厌氧试管中，用振荡器将其振荡均匀，制成 10 倍的稀释液。再用另一只无菌注射器吸取 1mL 10 倍的稀释液至另一支装有 9mL 生理盐水的试管中，制成 100 倍的稀释液。按此操作依次进行 10 倍系列稀释至 10^{-7}，通常选择 10^{-5}、10^{-6}、10^{-7} 三个稀释度进行滚管计数。

4. 厌氧滚管培养法

将盛有熔化的无菌无氧琼脂培养基试管放置于 50℃左右的恒温水浴中，用 1mL 无菌注射器分别吸取 10^{-5}、10^{-6}、10^{-7} 三个稀释度的稀释液各 0.1mL 于熔化了的琼脂培养基试管中，将其平放于盛有冰块的盘中或特制的滚管机上迅速滚动，这样使带菌的培养基在试管内部形成一薄层。每个稀释度重复 3 次以上，然后置于 37℃(酸奶样品 42℃)恒温培养 24~48h，即可在厌氧管的琼脂层内或表面长出肉眼可见的菌落。

5. 双歧杆菌活菌分离计数

选择分散均匀，数量在几十至几百个菌落的厌氧试管进行活菌计数，即可得出每克或每毫升样品中含有的双歧杆菌数量。

6. 计算方法

双歧杆菌活菌数量 CFU/g(mL)= 0.1mL 滚管计数的实际平均值×10×稀释倍数

五、实验结果

(1)观察双歧杆菌的形态，并描述其形态特征。

(2)计算每克或每毫升样品中含有的双歧杆菌数量，并记录结果。

【思考题】

1. 比较平板活菌计数和滚管活菌计数的异同。
2. 实验中通过哪些措施和方法保持细菌的厌氧状态？

第2篇

食品安全的微生物学检验技术

食品安全的微生物学检验贯穿于食品研发、生产、贮运、销售的整个过程。由于微生物存在的广泛性，食品安全的微生物学检验甚至要追溯到食品原料生产阶段，微生物的菌相变化能够形象地勾勒出某一食品“从农场到餐桌”的每一阶段的安全卫生状态。

食品微生物学检验是食品安全的重要内容，随着农兽药使用规范不断完善，食品添加剂的使用更加规范，微生物引起的安全问题将会是食品安全的首要问题，所有发达国家都经历过这样的变化。

本部分选取食品微生物学常规检测的5个实验，以及致病菌检测、动物性食品微生物检测、毒素及诱变检测等方面14个综合实验。教材尽管以基础实验为主，但第2篇和第3篇在实验技能的运用上类似于第1篇的综合试验。本部分内容同学们可以参考食品卫生微生物学的相关资料(2010年以后称为食品安全标准　微生物检测)，如果实验的参考资料引用各类标准，一定以现行版本为参考资料。

食品微生物学常规检测

环境中微生物无处不在，食品收贮运销及加工环境也不例外。例如空气，虽然空气不是微生物栖息的良好环境，但由于气流、人和动物的活动等原因，空气中仍有相当数量的微生物存在。当空气中微生物沉降落到适合生长的培养基质时，在合适的条件下就会大量增殖。

食品的生产加工材料一般都是微生物生长的培养基质，微生物增殖可能会引起产品价值下降或不能食用，甚至危害消费者健康。判断产品是否合格的微生物标准，必检项目包含细菌总数、大肠菌群和霉菌总数(含有活菌的酸奶等部分产品除外)的检测。罐装食品还要进行商业无菌的检测认定；致病菌的检测依据产品种类的不同各有不同，致病菌检测见本篇的其他部分实验。微生物检测指标合格的产品才能进入市场。

实验25 空气中微生物数量的测定

实验26 食品中细菌菌落总数的测定

一、实验目的

1. 掌握平板菌落计数法测定菌落总数的基本方法和原理。
2. 了解菌落总数卫生学评价意义。

二、实验原理

菌落总数是指食品检样经过处理，在一定条件下培养后(如培养基成分、培养温度和时间、pH值、需氧性质等)，所得1mL(g，cm^2)检样中所形成菌落总数。

平板菌落计数法又称标准平板活菌计数法(standard plate count，简称SPC法)是最常用的一种活菌计数法。微生物在高度稀释条件下于固体培养基上所形成的单菌落，是由一个单细胞繁殖而成，这一培养特征设计的计数方法是一个菌落代表一个单细胞(菌体)。不同细菌的营养要求和培养条件各异。由于菌落总数的测定是在36℃±1℃有氧条件下培养的结果，该方法所得到的结果指示在平板计数琼脂培养基中异养生长的需氧或兼性厌氧菌的菌落数量。该方法所测菌落总数并不能区分其中细菌的种类，所以有时被称为杂菌数、需氧菌数等。

菌落总数是作为判定食品清洁程度(被污染程度)的标志，通常卫生程度越好的食品，单位样品菌落总数越低，反之，菌落总数就越高。也可以应用这一方法观察细菌在食品中的繁殖动态，以便对被检食品进行卫生学评价时提供依据。

三、实验材料

1. 培养基及试剂

平板计数琼脂培养基(PCA，附录 A18)、无菌生理盐水(附录 B1)。

2. 仪器与用具

无菌超净工作台、恒温培养箱(36℃±1℃，30℃±1℃)、冰箱(2~5℃)、恒温水浴箱(46℃±1℃)、天平(感量为 0.1g)、振荡器、均质器、无菌吸管(1mL 具 0.01mL 刻度、10mL 具 0.1mL 刻度或微量移液器及吸头、无菌锥形瓶(容量 250mL、500mL)、无菌培养皿(直径 90mm)、pH 计或 pH 比色管或精密 pH 试纸、放大镜或菌落计数器。

四、实验内容

实验操作流程：样品的稀释→倾注法制平板→培养→菌落计数

1. 样品的稀释

(1)固体和半固体样品　称取 25g 样品置盛有 225mL 无菌生理盐水的无菌均质杯内，8 000~10 000r/min 均质 1~2min，或放入盛有 225mL 稀释液的无菌均质袋中，用拍击式均质器拍打 1~2min，制成 1∶10 的样品匀液。到步骤(3)。

(2)液体样品　以无菌吸管吸取 25mL 样品置盛有 225mL 无菌生理盐水的无菌锥形瓶(瓶内预置适当数量的无菌玻璃珠)中，充分混匀，制成 1∶10 的样品匀液。到步骤(3)。

(3)用 1mL　无菌吸管或微量移液器吸取 1∶10 样品匀液 1mL，沿管壁缓慢注于盛有 9mL 稀释液的无菌试管中(注意吸管或吸头尖端不要触及稀释液面)，振摇试管或换用一支无菌吸管反复吹打使其混合均匀，制成 1∶100 的样品匀液，即 10^{-2} 稀释液。

(4)按上述(3)操作程序，制备 10 倍系列稀释样品匀液。每递增稀释 1 次，换用 1 次 1mL 无菌吸管或吸头，得到 10^{-3}、10^{-4}、10^{-5}……稀释液。

2. 制平板培养

(1)根据对样品污染状况的估计，选择 2~3 个适宜稀释度的样品匀液(液体样品可包括原液)，在进行 10 倍递增稀释时，每个稀释度分别吸取 1mL 样品匀液加入 2 个无菌平皿内。同时，分别取 1mL 稀释液加入 2 个无菌平皿作空白对照。

(2)及时将 15~20mL 熔化并冷却到 46℃(可放置于 46℃±1℃的恒温水浴箱中保温)的平板计数琼脂培养基注入平皿内，并转动平皿使其混合均匀。

(3)待琼脂凝固后，翻转平板，置 36℃±1℃恒温箱内培养 48h±2h，水产品 30℃±1℃培养 72h±3h。

(4)如果样品中可能含有在琼脂培养基表面弥漫生长的菌落时，可在凝固后的琼脂表面覆盖一薄层琼脂培养基(约 4mL)，凝固后翻转平板，按上述条件进行培养。

3. 菌落计数

可用肉眼观察，必要时用放大镜或菌落计数器，记录稀释倍数和相应的菌落数量。菌落计数以菌落形成单位(colony forming units，CFU 或 cfu)表示，本书统一使用 CFU。

(1)选取菌落数在30～300CFU之间、无蔓延菌落生长的平板计数菌落总数。低于30 CFU的平板记录具体菌落数，大于300CFU的可记录为多不可计。每个稀释度的菌落数应采用2个平板的平均数。

(2)其中一个平板有较大片状菌落生长时，则不宜采用，而应以无片状菌落生长的平板作为该稀释度的菌落数；若片状菌落不到平板的1/2，而其余1/2中菌落分布又很均匀，即可计算半个平板后乘以2，代表一个平板菌落数。

(3)当平板上出现菌落间无明显界线的链状生长时，则将每条单链作为一个菌落计数。

五、实验结果

1. 菌落总数的计数方法

(1)若只有一个稀释度平板上的菌落数在适宜计数范围内，计算2个平板菌落数的平均值，再将平均值乘以相应稀释倍数，作每克(或每毫升)中菌落总数结果。

(2)若有两个连续稀释度的平板菌落数在适宜计数范围内时，按下式计算：

$$N=\frac{\sum C}{(n_1+0.1n_2)d}$$

式中，N为样品中菌落数；$\sum C$为平板(含适宜范围菌落数的平板)菌落数之和；n_1为第一稀释度(低稀释倍数)平板个数；n_2为第二稀释度(高稀释倍数)平板个数；d为稀释因子(第一稀释度)。

(3)若所有稀释度的平板上菌落数均大于300CFU，则对稀释度最高的平板进行计数，其他平板可记录为多不可计，结果按平均菌落数乘以最高稀释倍数计算。

(4)若所有稀释度的平板菌落数均小于30CFU，则应按稀释度最低的平均菌落数乘以稀释倍数计算。

(5)若所有稀释度(包括液体样品原液)平板均无菌落生长，则以小于1乘以最低稀释倍数计算。

(6)若所有稀释度的平板菌落数均不在30～300CFU之间，其中一部分小于30CFU或大于300CFU时，则以最接近30CFU或300CFU的平均菌落数乘以稀释倍数计算。

2. 菌落数的报告

(1)菌落数小于100CFU时，按"四舍五入"原则修约，以整数报告。

(2)菌落数大于或等于100CFU时，第三位数字采用"四舍五入"原则修约后，取前两位数字，后面用0代替位数；也可用10的指数形式来表示，按"四舍五入"原则修约后，采用两位有效数字。

(3)若所有平板上为蔓延菌落而无法计数，则报告菌落蔓延。

(4)若空白对照上有菌落生长，则此次检测结果无效。

(5)称重取样以CFU/g为单位报告，体积取样以CFU /mL为单位报告。

(6)根据菌落总数的计数方法报告最终结果，并对样品菌落总数作出是否符合卫生要求的结论。

六、注意事项

（1）为防止食品碎屑混入琼脂影响计数，通常需在平板计数琼脂中添加一定量 TTC（氯化三苯四氮唑），每 100mL 加 1mL 0.5%TTC，培养后，如系食品颗粒，不见变化，如为细菌，则生成红色菌落。

（2）前一稀释度的平均菌落数应大致为后一稀释度平均菌落数的 10 倍左右，若差别太大应重做。若菌落稠密或长成菌苔严重的平板，不能用来计数。

【思考题】

1. 影响细菌菌落总数准确性的因素有哪些？
2. 在食品安全的微生物检验中，为什么要以菌落总数为指标？
3. 如何确定样品的检测稀释倍数？

实验27　食品中大肠菌群的测定

一、实验目的

1. 学习和掌握大肠菌群的定义。
2. 学习和掌握食品中大肠菌群测定的基本方法和基本原理。

二、实验原理

大肠菌群系指一群在37℃、24h能发酵乳糖、产酸、产气、需氧和兼性厌氧的革兰阴性无芽孢杆菌，它主要由肠杆菌科中埃希菌属、柠檬酸杆菌属、克雷伯菌属和肠杆菌属的细菌构成。该菌主要来源于人畜粪便，故以此作为粪便污染指标来评价食品的卫生质量，具有广泛的卫生学意义。

食品中大肠菌群数系以每100mL(g)检样内大肠菌群最可能数(most probable number，MPN)来表示，其含义是指100mL(g)食品内含有大肠菌群数的实际数值。相应的食品安全的国家标准为《食品微生物学检验　大肠菌群计数》(GB 4789.3—2016)。

三、实验材料

1. 检样

食品。

2. 培养基及试剂

月桂基硫酸盐胰蛋白胨(LST)肉汤(附录A21)、煌绿乳糖胆盐(BGLB)肉汤(附录A22)、结晶紫中性红胆盐琼脂(VRBA)(附录A23)、无菌生理盐水(附录B1)、无菌1mol/L氢氧化钠溶液、无菌1mol/L盐酸溶液、磷酸盐缓冲液。

3. 仪器与用具

恒温培养箱、冰箱、恒温水浴箱、天平、均质器、振荡器、1mL和10mL无菌吸管、500mL锥形瓶、直径90mm培养皿、pH计或pH比色管或精密pH试纸等。

四、实验内容

实验操作流程：样品的处理→样品匀液的稀释→初发酵实验→复发酵实验(证实实验)

1. 样品的处理

(1)固体和半固体样品　称取25g样品，放入盛有225mL磷酸盐缓冲液或生理盐水的无菌均质杯内，8 000~10 000r/min 均质 1~2min，或放入盛有 225mL 磷酸盐缓冲液或生理盐水的无菌均质袋中，用拍击式均质器拍打 1~2min，制成 1∶10 的样品匀液。到步骤(3)。

(2)液体样品　以无菌吸管吸取 25mL 样品置盛有 225mL 磷酸盐缓冲液或生理盐水的无菌锥形瓶(瓶内预置适当数量的无菌玻璃珠)中，充分混匀，制成 1∶10 的样品匀液。到步骤(3)。

(3)样品匀液 pH 值　样品匀液的 pH 值应在 6.5~7.5 之间，必要时分别用 1mol/L 的氢氧化钠溶液或 1mol/L 的盐酸溶液调节。

2. 样品匀液的稀释

(1)用 1mL 无菌吸管或微量移液器吸取 1∶10 样品匀液 1mL，沿管壁缓缓注入 9mL 磷酸盐缓冲液或生理盐水的无菌试管中(注意吸管或吸头尖端不要触及稀释液面)，振摇试管或换用 1 支 1mL 无菌吸管反复吹打，使其混合均匀，制成 1∶100 的样品匀液。

(2)根据对样品污染状况的估计，按上述操作，依次制成 10 倍递增系列稀释样品匀液。每递增稀释 1 次，换用 1 支 1mL 无菌吸管或枪头。从制备样品匀液至样品接种完毕，全过程不得超过 15min。

3. 初发酵实验

每个样品，选择 3 个适宜的连续稀释度的样品匀液(液体样品可以选择原液)，每个稀释度接种 3 管 LST 肉汤，每管接种 1mL(如接种量超过 1mL，则用双料 LST 肉汤)，36℃±1℃培养 24h±2h，观察小倒管(杜氏小管、杜兰管)内是否有气泡产生，24h±2h 产气者进行复发酵实验，如未产气则继续培养至 48h±2h，产气者进行复发酵实验。未产气者为大肠菌群阴性。

4. 复发酵实验(证实实验)

用接种环从产气的 LST 肉汤管中分别取培养物 1 环，移种于 BGLB 管中，36℃±1℃培养 48h±2h，观察产气情况。产气者，计为大肠菌群阳性管。

五、实验结果

(1)按复发酵实验中确证的大肠菌群 LST 阳性管数，检索 MPN 表(附录 C1)。

(2)报告每克(毫升)样品中大肠菌群的 MPN 值。

六、注意事项

(1)从制备样品匀液至样品接种完毕，全过程不得超过 15min。

(2)大肠菌群最可能数(MPN)检索表采用 3 个稀释度 0.1g(mL)、0.01g(mL)、0.001g(mL)，每个稀释度接种 3 管。若实际操作中检样量改为 1g(mL)、0.1g(mL)、0.01g(mL)时，检索所得结果应相应降低 10 倍；如改用 0.01g(mL)、0.001g(mL)、0.000 1g(mL)时，则检索结果应相应增高 10 倍，其余类推。

【思考题】

1. 测定食品中大肠菌群的意义是什么？
2. 大肠菌群中主要包括哪几个属的细菌？
3. 在食品中大肠菌群测定中，为什么要进行复发酵实验？
4. 在食品中大肠菌群测定所采用的煌绿乳糖胆盐肉汤培养基中胆盐的作用是什么？

实验 28　罐头食品商业无菌检验

实验 29　食品中酵母菌和霉菌的检验

一、实验目的

1. 掌握食品中酵母菌和霉菌的检验程序。
2. 明确该检验的食品安全学意义。

二、实验原理

本实验主要针对食品中的霉菌和酵母菌的计数方法(GB 4789.15—2016)而设计，卫生学意义是对食品中的真菌污染的评估，其中霉菌污染更为重要。各类食品由于霉菌的侵染，常常发生霉坏变质，有些霉菌(如青霉、黄曲霉和镰刀霉/孢菌等)还会产生毒素，因此对食品加强霉菌的检验具有重要意义。

霉菌和酵母菌菌落计数方法与细菌 SPC 方法相似(见实验 26)，都通过倾注平板法完成。不同之处为培养基、培养温度、时间因素。霉菌和酵母菌菌落总数测定是指食品检样经过处理，在一定条件下培养后，所得 1g 或 1mL 检样中所含的霉菌和酵母菌菌落总数(粮食样品是指 1g 粮食表面的霉菌总数)，报告单位同样是 CFU。

三、实验材料

1. 检样

谷物及其制品、干酪、花椒面等食品或原辅料。

2. 培养基及试剂

孟加拉红培养基(附录 A28)、马铃薯-葡萄糖培养基(加氯霉素，附录 A4)、高盐察氏培养基(附录 A29)、无菌水或生理盐水(9mL/管的试管和 225mL/250mL 的锥形瓶，锥形瓶中加入适量玻璃珠)、75%酒精棉球。

3. 仪器与用具

无菌平皿、无菌吸管、无菌称量纸、灭菌金属勺或刀、灭菌剪刀、灭菌镊子、无菌吸管(1mL、10mL)、橡皮乳头、试管、带玻塞锥形瓶、广口瓶、载玻片、盖玻片、酒精灯、电子天平(0.01g)、培养箱、显微镜、振荡器、微波炉、灭菌乳钵等。

四、实验内容

实验操作流程：采样→编号→样品的稀释→倾注平板培养→菌落计数

1. 采样

采样关键是样本的代表性和无菌操作。样品采集后应尽快检验，否则应将样品放在低温干燥处。

(1)粮食(包括粮库贮粮、粮店或家庭小量存粮)样品的采集，可根据粮囤或粮垛的大小和类型，分层定点取样，一般可分三层五点，或分层随机采取不同点的样品，充分混合后，取 500g 左右送检。小量存粮可使用金属小勺采取上、中、下各部分的混合样品。

(2)海运进口粮的采样，每一船舱采取表层、上层、中层及下层 4 个样品，每层从 5 点取样混合，如船舱盛粮超过 10 000t，则应加采一个样品。必要时采取有疑问的样品送检。

(3)谷物加工制品(包括熟饭、糕点、面包等)、发酵食品、乳及乳制品以及其他液体食品，灭菌工具采集可疑霉变食品 250g，装入灭菌容器内送检。预包装食品依据规格整装采样，不得破坏最小包装。

2. 编号

取无菌平皿数套，分别用记号笔标明不同的稀释度各 2 套。另取数支 9mL 无菌水的试管，依次标明其稀释度。

3. 样品的稀释

以无菌操作，称取检样 25g(25mL)，放入含有 225mL 无菌水的适宜容器中(带玻璃珠锥形瓶或无菌均质袋)，振摇 30min，或使用拍击式均质器拍打 1~2min，制备 1∶10 稀释液，后续 10 倍梯度稀释法可以得到 1∶100、1∶1 000……合适的稀释度。(稀释方法与 SPC 法相同)

4. 倾注平板培养

根据对样品污染情况的估计，选择 2~3 个连续的稀释度，吸取 1mL 稀释液于灭菌平皿中，每个稀释度做 2 个平皿，然后将冷却至 46℃ 约 200mL 的培养基注入平皿中，待琼脂凝固后，正置于 28℃±1℃ 恒温箱中，持续观察到第 5d 并记录结果。实验中设置无菌稀释液的空白对照 2 个。

5. 菌落计数

可用肉眼观察，必要时用放大镜检查，以防遗漏，记录下各平板的菌落数后，求出不同稀释度的各平板平均菌落数。

(1)标准平皿菌落数的选择　通常选择菌落数在 10~150 之间的平皿，且一个稀释度使用 2 个平板的平均菌落数。当其中一个平板有较大片状菌落(菌苔)生长时，则不宜采用，而应以无片状菌落生长的平板作为该稀释度的菌落数；若片状菌落不到平板的1/2，而其余1/2中菌落分布又很均匀，即可计算半个平板后乘以2以代表全皿菌落数。

(2)按下列公式计算每毫升(克)样品中的CFU数量

CFU/mL(g)样品=同一稀释度两次重复的平均菌落数×稀释倍数

(3)菌落数的报告　菌落数在100以内时，按其实有数报告；大于100时，采用二位有效数字，在二位有效数字后面的数值，以四舍五入方法计算。为了缩短数字后面的零数，也可用10的指数来表示。

五、实验结果

(1)通常选择菌落数在10~150之间的平皿进行计数，同一稀释度的2个平皿的菌落平均数乘以稀释倍数，即为每克或每毫升食品中所含霉菌和酵母菌的菌落形成单位数(CFU)。

(2)空白对照平板有菌落出现，则本次检测结果无效。

(3)称重取样(固体样品)以CFU/g为单位，体积取样(一般为液态)以CFU/mL为单位，报告或分别报告霉菌和/或酵母菌总数。

(4)将测出样品中的霉菌和酵母菌的菌落总数结果记入表29-1。

表29-1　样品中的霉菌和酵母菌的菌落总数

稀释度	10^{-2}			10^{-3}			10^{-4}		
	1	2	平均	1	2	平均	1	2	平均
CFU/平板									
样品中的CFU/g(mL)									

(5)报告检测结果、判断所测样品的菌落总数是否符合卫生要求。

【思考题】

1. 影响霉菌和酵母菌菌落计数准确性的因素有哪些?

2. 哪些步骤容易造成实验结果的误差?

3. 为什么我国对霉菌和酵母菌的菌落计数常用培养基是高盐(渗)察氏培养基、马铃薯-葡萄糖培养基(加氯霉素)和孟加拉红培养基?

食品安全的微生物学综合实验

相对于传统的经典实验(第一篇)，食品安全(第二篇)以及应用(第三篇)的实验由于材料的复杂性，常常不局限于一种实验技术，一般统称为综合实验。

本篇将实验26~实验29列为常规检测并不是一种标准的分类系统，主要取决于其普适性，一直以来在食品生产环境和产品标准中作为常规参数进行限量。而实验30~实验43虽然也常提及，但一般依据产品类别的不同有所取舍，如金黄色葡萄球菌和沙门菌是大部分食品需要检测的致病菌，蜡样芽孢杆菌尤其存在于淀粉类食品中，副溶血性弧菌大多是水产品(尤其是海产品)中的致病菌，单核细胞增生李斯特菌常危害低温贮藏(如冰箱)的食品。了解和掌握不同种类食品所需检测的致病菌种类，是该部分实验的主要目的之一。食品微生物学中的生物毒素包括细菌毒素，如金黄色葡萄球菌产生的肠毒素和肉毒梭状芽孢杆菌产生的肉毒毒素；真菌毒素，如黄曲霉产生的黄曲霉毒素和赭曲霉产生的赭曲霉毒素等。低剂量的毒素可能是诱变剂，而高浓度的毒素具有杀灭细胞的作用。Ames检测诱变剂是化合物致癌性检测的3种主要方法之一，也是微生物检测致癌剂的唯一方法。

实验30 鲜牛乳自然发酵过程中微生物菌相变化测定

一、实验目的

1. 观察鲜牛乳自然发酵的腐败过程。
2. 了解该过程的菌相变化规律。

二、实验原理

刚采集的牛乳含有少量不同的细菌，而牛乳的成分对微生物是一种很好的营养基质。微生物在自然状态下增殖而逐渐使乳变质，其过程分为抑制期、乳酸链球菌期、乳酸杆菌期、真菌期和胨化细菌期。鲜牛乳菌相变化的自然过程是一个群落演替的典型例子。初始细菌的活动为以后的微生物生长创造了有利的条件，因而能观察到一个连续的微生物菌相演替的过程。自然界其他食材中的微生物也会发生菌相的演变过程。

本实验对鲜牛乳样品及培养在30℃下每隔2d取样的样品进行pH值测定和革兰染色镜检，并主要观察细胞的形态、排列及单个视野中的平均细菌数。由于每次涂片均取1环的样品液，涂抹玻片约2.5cm^2的面积，因此，所测菌数的结果将是半定量的。

三、实验材料

1. 检样

鲜牛乳。

2. 试剂

革兰染色液(附录B4)、二甲苯等。

3. 仪器与用具

pH值试纸、载玻片、盖玻片、显微镜、锥形瓶等。

四、实验内容

实验操作流程： 样品分装→取样→测pH值→制作、贮存涂片→循环实验(重复取样到贮存涂片)环节→处理涂片→革兰染色并计数

1. 样品分装

鲜牛奶20mL分别装到5~6个50mL的灭菌锥形瓶中(也可以将鲜牛奶200mL装到1个500mL锥形瓶中)，标记，30℃静置培养。

2. 取样

隔天(48h)取一个装鲜牛乳的锥形瓶振荡(或从500mL锥形瓶中取10mL装入灭菌小锥形瓶)，使样品充分混匀。

3. 测pH值

用灭菌滴管或接种环以无菌操作取1滴样液，放在pH试纸上，比色、记录。

4. 制作及贮存涂片

用接种环无菌操作取一环样品，在玻片上均匀涂抹2.5cm^2面积(可先在纸上画2.5cm^2方格，然后将玻片放在纸上)，玻片标明日期；空气中干燥后，贮存在玻片盒内，也可以先完成步骤6，再贮存，待所有玻片制成后再进行步骤7。

5. 循环实验

每两天重复步骤2~5，取样测pH值和制作涂片。每次制作涂片用一接种环，取同样的量，直至牛乳完成变酸过程和开始腐败为止。

6. 处理涂片

所有涂片均用二甲苯处理约1min，以除去牛乳的脂肪，干燥后火焰固定。

7. 革兰染色并计数

油镜下观察，数几个视野的主要类型的细菌数，计算每一视野的平均数，描写细菌的类型，注明形态(杆状或球状)、大小(长或短，细长或宽大)以及排列(单个或成链状)等，记录结果。

如果发现酵母或霉菌，可以参阅霉菌计数法。

五、实验结果

(1)用表30-1记录每次测得的pH值和描写涂片中所观察到的细菌，并根据描写的细菌情况对照所介绍的各个时期的细菌特点，鉴别细菌类型。最后计算每一类型细菌在油镜下平均每视野的近似数。

表30-1 鲜牛乳变化观测记录表

天数/d	pH值	描写微生物类型	每视野的近似数

(2)用表30-1数据画曲线

①pH值曲线：以取样日期的垂直线与右面纵轴pH值的水平线的交叉处画点，然后用连续线连接各点。

②各细菌的曲线：以取样日期的垂直线与左面各类型细菌的每视野平均数的水平线的交叉处画点，然后按各菌的曲线标记连接各点画曲线。

【思考题】

1. 用实验结果说明细菌在牛乳菌相变化过程中是如何改变其环境的，又如何依次影响有关细菌？
2. 如果利用鲜牛乳通过细菌自然发酵制造能饮用的酸牛乳，应控制在哪一时期？

实验31 食品中金黄色葡萄球菌的检测

一、实验目的

1. 了解金黄色葡萄球菌的致病作用。
2. 掌握金黄色葡萄球菌的鉴定要点和检查方法。

二、实验原理

葡萄球菌在自然界分布极广，金黄色葡萄球菌是引起人和动物化脓的常见球菌。葡萄球菌中除一些致病的球菌外，大部分是不致病的。金黄色葡萄球菌是葡萄球菌属一个种，是一种可引起皮肤组织炎症和产生肠毒素的致病菌。如果食品被金黄色葡萄球菌污染，其生长过程中会产生毒素，人误食了含有毒素的食品，就会发生食物中毒。故食品中存在金黄色葡萄球菌对人体健康是一种潜在危险，检查食品中金黄色葡萄球菌及数量具有实际意义。

金黄色葡萄球菌能产生血浆凝固酶，使血浆凝固，多数致病菌株能产生溶血毒素，使血琼脂平板菌落周围出现溶血环，在试管中出现溶血反应。这些是鉴定致病性金黄色葡萄球菌的重要指标。除国家标准规定的定性、计数、MPN 检测方法之外，还有环介导等温核酸扩增、双重微滴数字 PCR 的核酸检测方法，以及质谱检测等快检方法。

三、实验材料

1. 菌种及检样

金黄色葡萄球菌、鲜肉、蔬菜、鲜奶等。

2. 培养基及试剂

7.5 %氯化钠肉汤(附录 A30)或 10%氯化钠胰酪胨大豆肉汤(附录 A31)、Baird-Parker 平板(附录 A32)、血平板(附录 A33)、营养琼脂(附录 A1)、脑心浸出液肉汤培养基(BHI，附录 A34)。

3. 仪器与用具

显微镜、拍击式均质器或旋转式均质器、恒温培养箱(36℃ ±1℃)、离心机；灭菌吸管(1mL，5mL，10mL)、灭菌试管、酒精灯、载玻片。

四、实验内容

实验操作流程：样品处理→增菌→分离培养→鉴定→结果报告

1. 样品的处理

称取25g样品至盛有225mL 7.5%氯化钠肉汤或10%氯化钠胰酪胨大豆肉汤的无菌均质杯内，8 000~10 000r/min 均质1~2min，或放入盛有225mL 7.5%氯化钠肉汤或10%氯化钠胰酪胨大豆肉汤的无菌均质袋中，用拍击式均质器拍打1~2min。若样品为液态，吸取25mL样品至盛有225mL 7.5%氯化钠肉汤或10%氯化钠胰酪胨大豆肉汤的无菌锥形瓶(瓶内可预置适当数量的无菌玻璃珠)中，振荡混匀。

2. 增菌

将上述样品匀液于36℃±1℃培养18~24h。金黄色葡萄球菌在7.5%氯化钠肉汤中呈混浊生长，污染严重时在10%氯化钠胰酪胨大豆肉汤内呈混浊生长。

3. 分离培养

将上述培养物，分别划线接种到Baird-Parker平板和血平板。血平板36℃±1℃培养18~24h；Baird-Parker平板36℃±1℃培养24~48h。

4. 鉴定

(1)菌落特征　金黄色葡萄球菌在Baird-Parker平板上，菌落直径为2~3mm，颜色呈灰色到黑色，边缘为淡色，周围为一混浊带，在其外层有一透明圈。用接种针接触菌落有似奶油至树胶样的硬度，偶尔会遇到非脂肪溶解的类似菌落，但无混浊带及透明圈。长期保存的冷冻或干燥食品中所分离的菌落比典型菌落所产生的黑色要淡些，外观可能粗糙并干燥。在血平板上，形成菌落较大，圆形、光滑凸起、湿润、金黄色(有时为白色)，菌落周围可见完全透明溶血圈。挑取上述菌落进行革兰染色镜检及血浆凝固酶实验。

(2)染色镜检　金黄色葡萄球菌为革兰阳性球菌，排列呈葡萄球状，无芽孢，无荚膜，直径为0.5~1μm。

(3)血浆凝固酶实验

①挑取Baird-Parker平板或血平板上可疑菌落1个或以上，分别接种到5mL BHI和营养琼脂小斜面，36℃±1℃培养18~24h。

②取新鲜配制兔血浆0.5mL，放入小试管中，再加入BHI培养物0.2~0.3mL，振荡摇匀，置36℃±1℃恒温箱或水浴箱内，每半小时观察一次，观察6h。也可用商品化试剂，按说明书操作完成。

5. 结果判定

如呈现凝固(即将试管倾斜或倒置时，呈现凝块)或凝固体积大于原体积的1/2，判定为阳性结果。同时以血浆凝固酶实验阳性和阴性葡萄球菌菌株的肉汤培养物作为对照。结果如可疑，挑取营养琼脂小斜面的菌落到5mL BHI，于36℃±1℃培养18~48h，重复实验。

五、实验结果

根据培养菌落特征以及血浆凝固酶实验结果配合镜检，报告所检测样品是否存在金黄色葡萄球菌污染。

六、注意事项

Baird-Parker 平板用前现配，使用前在冰箱储存不得超过 48h。如果增菌过程采用卵黄亚碲酸钾增菌培养基，此处也应说明其储存时间不得超过 48h。

【思考题】

1. 金黄色葡萄球菌主要会引起人类哪些疾病？引起食物中毒的主要原因是什么？
2. 如何鉴定致病性金黄色葡萄球菌？

实验32 食品中沙门菌属的检验

一、实验目的

1. 理解沙门菌属生化反应及其原理。
2. 掌握沙门菌属的系统检验方法。

二、实验原理

沙门菌属是一大群寄生于人类和动物肠道，生化反应和抗原构造相似的革兰阴性无芽孢杆菌。该属菌株种类繁多，少数对人致病，其他对动物致病，偶尔可传染给人。主要引起人类伤寒、副伤寒或败血症。而且在世界各地的食物中毒中，沙门菌食物中毒常位列榜首。

沙门菌属生物学特性为直杆菌，菌体大小为(0.7～1.5)μm×(2.0～5.0)μm，菌落直径一般2～4mm，革兰阴性，通常运动(周生鞭毛)。兼性厌氧；发酵葡萄糖产酸，大多产气，不发酵乳糖、蔗糖、水杨苷、肌醇和扁桃苷；常在三糖铁琼脂上产生硫化氢，吲哚阴性，常利用柠檬酸盐作为唯一碳源，还原硝酸盐；通常赖氨酸和鸟氨酸脱羧酶反应阳性；脲酶阴性。

三、实验材料

1. 菌种及检样

沙门菌属；冻肉、蛋品、乳品等样品。

2. 培养基及试剂

缓冲蛋白胨水(BPW)(附录A35)、四硫磺酸钠煌绿(TTB)增菌液(附录A36)、亚硒酸盐胱氨酸(SC)增菌液(附录A37)、亚硫酸铋(BS)琼脂(附录A38)、HE琼脂(附录A39)、木糖赖氨酸脱氧胆盐(XLD)琼脂(附录A40)、三糖铁(TSI)琼脂(附录A41)、靛基质试剂(附录A11)、尿素琼脂(附录A13)、氰化钾(KCN)培养基(附录A43)、赖氨酸脱羧酶实验培养基(附录A44)、糖发酵管(附录A6)、邻硝基酚β-D半乳糖苷(ONPG)培养基(附录A45)、半固体琼脂(附录A1)、丙二酸钠培养基(附录A46)、沙门菌O和H诊断血清、生化鉴定试剂盒。

3. 仪器与用具

微生物实验室常规灭菌及培养设备、冰箱(2～5℃)、恒温培养箱、均质器、振荡器、电子天平(感量0.1g)、250mL和500mL无菌锥形瓶、1mL无菌吸管(具0.01mL刻度)、10mL无菌吸管(具0.1mL刻度)或微量移液器及吸头、直径90mm的无菌培养皿、无菌试管（3mm×50mm、10mm×75mm）、无菌毛细管、pH 计。

四、实验内容

实验操作流程（图 32-1）：样品处理/前增菌→增菌→分离→生化实验→血清学鉴定→结果报告

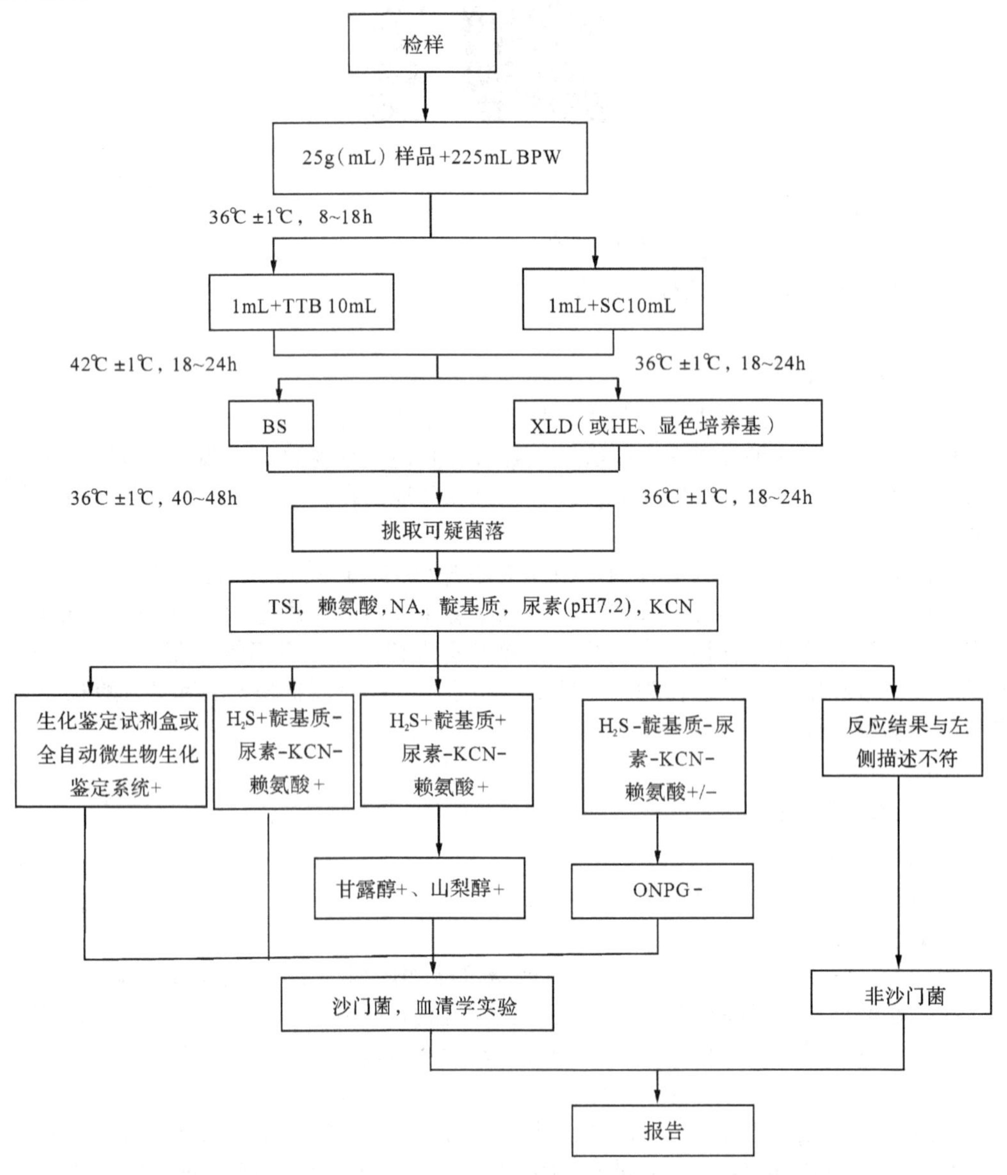

图 32-1 食品中沙门菌属的检验流程

1. 前增菌

称取 25g（mL）样品放入盛有 225mL BPW 的无菌均质杯中，以 8 000～10 000r/min 均质 1～2min，或置于盛有 225mL BPW 的无菌均质袋中，用拍击式均质器拍打 1～2min。若样品为液态，不需要均质，振荡混匀。

(1)如需测定pH值，用1mol/mL无菌氢氧化钠或盐酸调pH值至6.8±0.2。无菌操作将样品转至500mL锥形瓶中，如使用均质袋，可直接进行培养，于36℃±1℃培养8~18h。

(2)如为冷冻产品，应在45℃以下不超过15min，或2~5℃不超过18h解冻。

2. 增菌

轻轻摇动培养过的样品混合物，移取1mL，转种于10mL TTB内，42℃±1℃培养18~24h。同时，另取1mL，转种于10mL SC内，于36℃±1℃培养18~24h。

3. 分离

分别用接种环取增菌液1环，划线接种于一个BS琼脂平板和一个XLD琼脂平板(或HE琼脂平板或其他沙门菌属显色培养基平板)。于36℃±1℃分别培养18~24h(XLD琼脂平板、HE琼脂平板、沙门菌属显色培养基平板)或40~48h(BS琼脂平板)，观察各个平板上生长的菌落，各个平板上的菌落特征见表32-1。

表32-1 沙门菌属在不同选择性琼脂平板上的菌落特征

选择性琼脂平板	沙门菌属菌落特征
BS琼脂	菌落为黑色有金属光泽、棕褐色或灰色，菌落周围培养基可呈黑色或棕色；有些菌株形成灰绿色的菌落，周围培养基不变
HE琼脂	蓝绿色或蓝色，多数菌落中心黑色或几乎全黑色；有些菌株为黄色，中心黑色或几乎全黑色
XLD琼脂	菌落呈粉红色，带或不带黑色中心，有些菌株可呈现大的带光泽的黑色中心，或呈现全部黑色的菌落；有些菌株为黄色菌落，带或不带黑色中心
沙门菌属显色培养基	按照显色培养基的说明进行判定

4. 生化实验

(1)三糖铁和赖氨酸脱羧酶实验　自选择性琼脂平板上分别挑取2个以上典型或可疑菌落，接种三糖铁琼脂，先在斜面划线，再于底层穿刺；接种针不要灭菌，直接接种赖氨酸脱羧酶实验培养基和营养琼脂平板，于36℃±1℃培养18~24h，必要时可延长至48h。在三糖铁琼脂和赖氨酸脱羧酶实验培养基内，沙门菌属的反应结果见表32-2。

表32-2 沙门菌属在三糖铁琼脂和赖氨酸脱羧酶实验培养基内的反应结果

三糖铁琼脂				赖氨酸脱羧酶实验培养基	初步判断
斜面	底层	产气	硫化氢		
K	A	+(-)	+(-)	+	可疑沙门菌属
K	A	+(-)	+(-)	-	可疑沙门菌属
A	A	+(-)	+(-)	+	可疑沙门菌属
A	A	+/-	+/-	-	非沙门菌
K	K	+/-	+/-	+/-	非沙门菌

注：K表示产碱，A表示产酸；+表示阳性，-表示阴性；+(-)表示多数阳性，少数阴性；+/-表示阳性或阴性。

(2)接种三糖铁琼脂和赖氨酸脱羧酶实验培养基的同时，可直接接种蛋白胨水(供做靛基质实验)、尿素琼脂、氰化钾(KCN)培养基，也可在初步判断结果后从营养琼脂平板上挑取可疑菌落接种。于36℃±1℃培养18~24h，必要时可延长至48h，按表32-3判定结果。将已挑菌落的平板贮存于2~5℃或室温至少保留24h，以备必要时复查。

表32-3 沙门菌属生化反应初步鉴别表

反应序号	硫化氢(H_2S)	靛基质	pH7.2尿素	氰化钾(KCN)	赖氨酸脱羧酶
A1	+	-	-	-	+
A2	+	+	-	-	+
A3	-	-	-	-	+/-

注：+表示阳性；-表示阴性；+/-表示阳性或阴性。

①反应序号A1：典型反应判定为沙门菌属。如尿素、KCN和赖氨酸脱羧酶3项中有1项异常，按表32-4可判定为沙门菌。如有2项异常为非沙门菌。

表32-4 沙门菌属生化反应初步鉴别表

pH 7.2尿素	氰化钾(KCN)	赖氨酸脱羧酶	判定结果
-	-	-	甲型副伤寒沙门菌(要求血清学鉴定结果)
-	+	+	沙门菌Ⅳ或Ⅴ(要求符合本群生化特性)
+	-	+	沙门菌个别变体(要求血清学鉴定结果)

注：+表示阳性；-表示阴性。

②反应序号A2：补做甘露醇和山梨醇实验，沙门菌靛基质阳性变体两项实验结果均为阳性，但需要结合血清学鉴定结果进行判定。

③反应序号A3：补做ONPG。ONPG阴性为沙门菌，同时赖氨酸脱羧酶阳性，甲型副伤寒沙门菌为赖氨酸脱羧酶阴性。

④必要时按表32-5进行沙门菌生化群的鉴别。

表32-5 沙门菌属各生化群的鉴别

项目	Ⅰ	Ⅱ	Ⅲ	Ⅳ	Ⅴ	Ⅵ
卫矛醇	+	+	-	-	+	-
山梨醇	+	+	+	+	+	-
水杨苷	-	-	-	+	-	-
ONPG	-	-	+	-	+	-
丙二酸盐	-	+	+	-	-	-
KCN	-	-	-	+	+	-

注：+表示阳性；-表示阴性。

(3)如选择生化鉴定试剂盒或全自动微生物生化鉴定系统，可根据步骤4(1)的初步判断结果，从营养琼脂平板上挑取可疑菌落，用生理盐水制备成浊度适当的菌悬液，使用生化鉴定试剂盒或全自动微生物生化鉴定系统进行鉴定。

5. 血清学鉴定(参考实验21)

(1)培养物自凝性检测　一般采用1.2%~1.5%琼脂培养物作为玻片凝集实验用的抗原。首先排除自凝胶反应，在洁净的玻片上滴加1滴生理盐水，将待试培养物混合于生理盐水滴内，形成均一性的浑浊悬液，将玻片轻轻摇动30~60s，在黑色背景下观察有无凝集现象。若出现可见的菌体凝集，即认为有自凝性；反之，无自凝性。对无自凝的培养物参照下面方法进行血清学鉴定。

(2)多价菌体抗原(O)鉴定　在玻片上划出两个约1cm×2cm的区域，挑取1环待测菌，各放1/2环于玻片上的每一区域上部，在其中一个区域下部加1滴多价菌体(O)抗血清，在另一区域下部加入1滴生理盐水，作为对照。再用无菌的接种环或针分别将两个区域内的菌落研成乳状液。将玻片倾斜摇动混合1min，并对着黑暗背景进行观察，任何程度的凝集现象皆为阳性反应。O血清不凝集时，将菌株接种在琼脂量较高(如2%~3%)的培养基上再检查；如果是由于Vi抗原的存在而阻止了O凝集反应时，可挑取菌苔于1mL生理盐水中做成浓菌液，于酒精灯火焰上煮沸后再检查。

(3)多价鞭毛抗原(H)鉴定　同(2)。

(4)血清学分型(选做项目)　O抗原的鉴定、H抗原的鉴定、Vi抗原的鉴定、菌型的判定。

五、实验结果

综合以上生化实验和血清学鉴定的结果，报告25g(mL)样品中检出或未检出沙门菌。

【思考题】

1. 如何提高沙门菌的检出率？
2. 沙门菌检验有哪5个基本步骤？
3. 食品中能否允许有个别沙门菌存在？为什么？

实验 33　食品中蜡样芽孢杆菌的检验

实验 34　食品中副溶血性弧菌的检验

一、实验目的

1. 了解副溶血性弧菌的生长特性。
2. 熟悉食品中副溶血性弧菌的检验原理。

二、实验原理

副溶血性弧菌是近海岸、河口处的栖息生物，常存在于海水、海底沉积物、海产品(鱼类、介壳类)及海渍食品中。人们食入污染本菌而未充分加热的海产品或食物可引起食物中毒或胃肠炎。副溶血性弧菌是一种嗜盐性弧菌，在不含氯化钠培养基中不生长，在硫代硫酸盐-柠檬酸盐-胆盐-蔗糖琼脂培养基平板上，菌落 0.5~2.0mm 大小，因不发酵蔗糖而呈绿色或蓝绿色。

三、实验材料

1. 检样

鱼类、贝类等海产品。

2. 培养基及试剂

3%氯化钠碱性蛋白胨水(APW)(附录 A57)、硫代硫酸盐-柠檬酸盐-胆盐-蔗糖(thiosulfate citrate bilesalts sucroseagar culture medium，TCBS)琼脂(附录 A58)、3%氯化钠胰蛋白胨大豆琼脂(附录 A16)、3%氯化钠三糖铁琼脂(附录 A41)、嗜盐性实验培养基(附录 A59)；细胞色素氧化酶试剂(附录 B19)。

3. 仪器与用具

显微镜、拍击式均质器或旋转式均质器、恒温培养箱、离心机、灭菌吸管（1mL、10mL）、灭菌试管、酒精灯、载玻片、培养皿（直径 90mm）、无菌锥形瓶、全自动生化鉴定系统。

四、实验内容

实验操作流程：样品制备→增菌→分离→纯培养→初步鉴定→确定鉴定

1. 样品制备

（1）非冷冻样品采集后应立即置 7～10℃冰箱保存，尽可能及早检验；冷冻样品应在 45℃以下不超过 15min 或在 2～5℃不超过 18h 解冻。

（2）鱼类和头足类动物取表面组织、肠或鳃；贝类取全部内容物，包括贝肉和体液；甲壳类取整个动物，或者动物的中心部分，包括肠和鳃。如为带壳贝类或甲壳类，则应先在自来水中洗刷外壳并甩干表面水分，然后以无菌操作打开外壳，按上述要求取相应部分。

（3）以无菌操作取样品 25g（mL），加入 3%氯化钠碱性蛋白胨水 225mL，用旋转刀片式均质器以 8 000r/min 均质 1min，或拍击式均质器拍击 2min，制备成 1∶10 的样品匀液。

2. 增菌

（1）定性检测　将上述 1∶10 样品匀液于 36℃±1℃培养 8～18h。

（2）定量检测

①用无菌吸管吸取 1∶10 样品匀液 1mL，注入含有 9mL 3%氯化钠碱性蛋白胨水的试管内，振摇试管混匀，制备 1∶100（即 10^{-2}）的样品匀液；依次 10 倍系列稀释样品匀液，每递增稀释 1 次，换用 1 支 1mL 无菌吸管，得到 10^{-3}、10^{-4}、10^{-5}……稀释液。

②根据对检样污染情况的估计，选择 3 个连续的适宜稀释度，每个稀释度接种 3 支含有 9mL 3%氯化钠碱性蛋白胨水的试管，每管接 1mL。置 36℃±1℃恒温箱内，培养 8～18h。

3. 分离

（1）对所有显示生长的增菌液，用接种环在距离液面以下 1cm 内蘸取 1 环增菌液，于 TCBS 平板或弧菌显色培养基平板上划线分离。1 支试管划线 1 块平板。于 36℃±1℃培养 18～24h。

（2）典型的副溶血性弧菌在 TCBS 上呈圆形、半透明、表面光滑的绿色菌落，用接种环轻触，有类似口香糖的质感，直径 2～3mm。从培养箱取出 TCBS 平板后，应尽快（不超过 1h）挑取菌落或标记要挑取的菌落。典型的副溶血性弧菌在弧菌显色培养基上的特征按照产品说明进行判定。

4. 纯培养

挑取 3 个或以上可疑菌落，划线接种 3%氯化钠胰蛋白胨大豆琼脂平板，36℃±1℃培养 18～24h。

5. 初步鉴定

（1）氧化酶实验　挑选纯培养的单个菌落进行氧化酶实验，副溶血性弧菌为氧化酶阳性。

(2)涂片镜检　将可疑菌落涂片，进行革兰染色，镜检观察形态。副溶血性弧菌为革兰阴性，呈棒状、弧状、卵圆状等多形态，无芽孢，有鞭毛。

(3)三糖铁琼脂斜面培养实验　挑取纯培养的单个可疑菌落，转种3%氯化钠三糖铁琼脂斜面并穿刺底层，36℃±1℃培养24h观察结果。副溶血性弧菌在3%氯化钠三糖铁琼脂中的反应为底层变黄不变黑，无气泡，斜面颜色不变或红色加深，有动力。

(4)嗜盐性实验　挑取纯培养的单个可疑菌落，分别接种0%、6%、8%和10%不同氯化钠浓度的胰胨水，36℃±1℃培养24h，观察液体混浊情况。副溶血性弧菌在无氯化钠和10%氯化钠的胰胨水中不生长或微弱生长，在6%氯化钠和8%氯化钠的胰胨水中生长旺盛。

6. 确定鉴定

取纯培养物分别接种含3%氯化钠的甘露醇实验培养基、赖氨酸脱羧酶实验培养基、MR-VP培养基，36℃±1℃培养24~48h后观察结果；3%氯化钠三糖铁琼脂隔夜培养物进行邻-硝基酚-β-D-半乳糖苷(ONPG)实验。也可选择目前已商品化的生化鉴定试剂盒或全自动微生物生化鉴定系统完成确定鉴定实验。

五、实验结果

通过初筛和生化鉴定结果，对照鉴定表(表34-1)，判断是否副溶血性弧菌阳性。

表34-1　副溶血性弧菌的生化性状

实验项目	结果	实验项目	结果
革兰染色镜检	阴性，无芽孢	分解葡萄糖产气	-
氧化酶	+	乳糖	-
动力	+	硫化氢	-
蔗糖	-	赖氨酸脱羧酶	+
葡萄糖	+	V-P	-
甘露醇	+	ONPG	-

注：+表示阳性；-表示阴性。

六、注意事项

(1)副溶血性弧菌在适宜温度下繁殖较快，但不适于在低温生存，在寒冷的情况下容易死亡，所以应防止待检材料冷冻，以免影响检验结果。

(2)样品中的菌体因受存放条件等的影响，常处于受伤状态，所以不宜选用抑制性较强的培养基，否则影响细菌生长。

【思考题】

1. 副溶血性弧菌在TCBS平板上有何菌落特征？为什么？
2. 鉴定致病性副溶血性弧菌的重要指标是什么？

实验35　食品中单核细胞增生李斯特菌的检测

实验36　奶粉中阪崎克罗诺杆菌的检测

实验37　冷鲜肉中假单胞菌属的检测

一、实验目的

1. 理解假单胞菌初步鉴定的原理和方法。
2. 学习并掌握冷却肉中假单胞菌的分离及计数方法。

二、实验原理

冷鲜肉(冷却肉)在胴体快速冷却及后续加工、流通和销售过程中始终保持在0~4℃。一些嗜冷微生物能够生长并引起肉的腐败，假单胞菌就是一类在有氧条件下引起冷却肉腐败的主要微生物。

假单胞菌是革兰阴性的直的或微弯的杆菌，不产芽孢，能运动，最适生长温度为

30℃，氧化酶反应阳性(少数为阴性)，接触酶反应阳性。在冷却肉中，假单胞菌优先利用肉中的葡萄糖，当细胞数量达到 10^8CFU/cm^2 时，葡萄糖的供应已不能满足其生长需要，假单胞菌便开始利用氨基酸作为生长基质，生成带有异味的含硫化合物、酯和酸等。

本实验参考肉和肉制品中假单胞菌属的计数(ISO13720：2010，Meat and meat products——Enumeration of presumptive *Pseudomonas* spp.)的方法。

三、实验材料

1. 检样

托盘包装的冷却肉 250g。

2. 培养基

假单胞菌选择培养基(PSA)(附录 A65)、TSA 培养基(附录 A16)、葡萄糖氧化发酵培养基(O/F)(附录 A66)、精氨酸双水解酶实验培养基(附录 A44)；225mL 无菌蛋白胨水(0.1%)1 瓶(购买)、9mL 无菌蛋白胨水(0.1%)(购买)；革兰染色液(附录 B4)、1%盐酸二甲基对苯二胺水溶液(附录 B19)、1% α-萘酚-乙醇溶液(附录 B19)、3%~10%过氧化氢溶液(附录 B20)。

3. 仪器与用具

30℃恒温培养箱、拍击式均质机、移液枪、灭菌枪头和培养皿、滤纸片、接种针。

四、实验内容

实验操作流程：样品处理→稀释分离→培养与计数→初步鉴定

1. 样品处理

在无菌条件下称取表面样品肉 25g，无菌剪刀剪碎，加入 225mL 灭菌蛋白胨水(0.1%)中，拍击式均质机均质(1~2min)或研磨，制成 10^{-1} 的均匀样品稀释液。

2. 稀释分离

(1)吸取 10^{-1} 样品稀释液 1mL 至 9mL 的无菌蛋白胨水中，即成 10^{-2} 的样品稀释液，按 10 倍梯度稀释到所需的稀释度。

(2)取适宜稀释度的稀释液 1mL 于无菌培养皿中，倒入融化并冷却至 45~50℃ 的 PSA 培养基 15~18mL 摇匀，每个样品取 2~3 个稀释度，每个稀释度 2 个重复。

3. 培养与计数

(1)待培养基凝固后，倒置于 30℃培养箱中培养 48h。

(2)选择合适计数的培养皿，计数单菌落数量，根据稀释度换算出冷却肉中假单胞菌的数量，记为 CFU/g。

4. 初步鉴定

(1)从以上实验的培养皿中挑取单个菌落，进行革兰染色观察，并在 TSA 斜面培养基中划线培养。

(2)接触酶和氧化酶实验　挑取 18~24h 菌龄的菌苔进行接触酶和氧化酶实验。对革兰染色阴性、氧化酶阳性、接触酶阳性的无芽孢杆菌进行下一步的初步鉴定。

(3) 葡萄糖氧化发酵实验(O/F 实验)　以 18~24h 的幼龄菌种穿刺接种于含有葡萄糖氧化发酵培养基的试管中，每株菌接 4 支，其中 2 支用油封盖(凡士林和液体石蜡 1∶1 混合灭菌)，加 0.5~1cm 厚，以隔绝空气作为闭管。另 2 支不封油为开管。同时，还要有不接种的闭管做对照。在 30℃下培养 1d、2d、4d、7d 观察结果。氧化型产酸者仅开管产酸，氧化作用弱的菌株往往先在上部产碱(1~2d)，之后才稍变酸。发酵型产酸者，则开管、闭管均产酸。如产气则在琼脂柱内产生气泡。

(4) 精氨酸双水解酶实验　将幼龄菌种穿刺接种于含有精氨酸双水解酶培养基的试管中，并用灭菌的凡士林油封管。在 30℃下培养 3d、7d、14d 观察结果。当培养基转为红色者为阳性，以不含精氨酸的空白为对照。

注：可以购买制备鉴定管。

五、实验结果

实验结果记录于表 37-1 中。通过生理生化鉴定表 37-2，可以初步鉴定到种。

表 37-1　假单胞菌数量

稀释倍数	
菌落数	
假单胞菌数 CFU/g	

表 37-2　生理生化鉴定结果

生化实验项目	革兰染色	TSA 斜面	接触酶实验	O/F 实验	氧化酶实验	精氨酸双水解酶实验
结　果						

注：+表示阳性结果；-表示阴性结果。

六、注意事项

取样时应严格按照无菌操作进行，并注意均匀取肉的表面样品，不宜过深。

【思考题】

1. 假单胞菌有什么生物学特点？
2. 温度对假单胞菌的生长繁殖有什么影响？
3. 为什么假单胞菌是导致冷却肉腐败的主要微生物之一？

实验 38　肉及肉制品中热杀索丝菌的检测

实验 39　肉毒梭状芽孢杆菌及肉毒毒素的检验

一、实验目的

1. 了解肉毒梭菌的生长特性和产毒条件。
2. 掌握肉毒梭菌及其毒素检验的原理和方法。

二、实验原理

肉毒梭状芽孢杆菌广泛存在于自然界，特别是土壤中，所以极易污染食品。该菌是一种专性厌氧的腐生菌，革兰阳性，菌体粗大，具有 4~8 根周毛性鞭毛、运动迟缓，没有荚膜，芽孢卵圆形、近端位、芽孢比繁殖体宽。固体培养基上菌落形态多样，常规培养基生长形成的菌落半透明，呈绒毛网状，常常扩散成菌苔；血平板培养基上生长出现与菌落几乎等大或者较大的溶血环；在乳糖卵黄牛奶平板上形成的菌落表面及周围形成彩虹薄层。

肉毒梭状芽孢杆菌在适宜条件下可在食品中产生剧烈的神经毒素，即肉毒毒素（botulinus toxin），能引起以神经麻痹为主要症状的病死率高的食物中毒，该菌生长和产毒的最适温度是 25~30℃，是罐装食品的指示菌。

肉毒梭状芽孢杆菌有 A、B、C、D、E、F、G 7 个菌型，以 A、B 两型分布最广，它的芽孢分布于土壤、沼泽、湖泊、河川和海底；而 C、D 两型则主要存在于动物的尸体内或在腐尸周围的土壤里面；E 型菌及其芽孢主要存在于海洋的沉积物、海鱼、海虾及海栖哺乳动物的肠道内；F 型曾在动物肝脏引起食物中毒时分离到。引起人食物中毒的主要是 A、B、E 三型。C、D 两型主要是畜、禽肉毒中毒的病原。肉毒梭状芽孢杆菌主要引起毒素型食物中毒，因此，肉毒毒素的检验和定型是该菌株和毒素侵染的主要依据。

三、实验材料

1. 菌种

肉毒梭状芽孢杆菌标准菌株。

2. 检样

罐头、臭豆腐、豆瓣酱、面酱、豆豉等发酵食品。

3. 培养基及试剂

庖肉培养基(附录A25)、卵黄琼脂培养基(附录A68)、明胶磷酸盐缓冲液(附录A9)、肉毒分型抗毒诊断血清(购买)、胰酶(活力1：250)(购买)、革兰染色液(附录B4)。

4. 仪器与用具

拍击式均质器、离心机、厌氧培养装置(常温催化除氧式或碱性焦性没石子酸除氧式)、冰箱、恒温培养箱、显微镜、天平、移液枪、枪头(或灭菌吸管)、灭菌平皿、灭菌锥形瓶、灭菌注射器；小鼠。

四、实验内容

1. 肉毒毒素检测

实验操作流程：检样处理→检出实验→确证实验→毒力测定(选做项目)→定型实验(选做项目)→结果分析

(1)检样处理　首先将检样进行稀释离心。固体或半固体检样加入适量(2、5、10倍量)明胶磷酸盐缓冲液，浸泡、研碎，然后离心，取上清液进行检测，液状检样可直接离心取上清液进行检测。另取一部分上清液，调pH 6.2，每9份加10%胰酶水溶液1份，混匀，不断轻轻搅动，37℃作用60min，进行检测。肉毒毒素检测以小鼠腹腔注射法为标准方法。

(2)检出实验　取上述离心上清液与胰酶激活处理液，用5号针头注射器分别注射小鼠2只，剂量为0.5mL/只，观察4d。如果注射液中有肉毒毒素，多数小鼠在24h内出现症状，通常在6h内发病、死亡。小鼠出现竖毛、瘫痪、呼吸困难，最终死于呼吸麻痹。如遇小鼠猝死，以至症状不明显时，可将注射液进行适当稀释，重做实验。

(3)确证实验　凡能致小鼠发病并有死亡的检样上清液或胰酶激活处理液，均再取检样分成3份进行实验。1份加等量多型混合肉毒抗毒诊断血清，混匀，置37℃30min，以备做中和保护实验；1份加等量明胶磷酸盐缓冲液，混匀，煮沸10min，以破坏毒素；还有1份也加入等量明胶磷酸盐缓冲液，混匀，但不做其他处理。3份混合液分别以每只0.5mL的量注射小鼠各2只观察4d。若注射加诊断血清与煮沸加热的2份混合液的小鼠得到保护而存活，唯有注射未经处理的混合液的小鼠发生特有症状并发生死亡，即可判定检样中存在有肉毒毒素。

(4) 毒力测定　取已判定含有肉毒毒素的检样离心上清液，用明胶磷酸盐缓冲液进行10倍、50倍、500倍稀释液分别注射小鼠各2只，每只0.5mL，观察4d。按照小鼠的死亡情况，计算检样含有肉毒毒素的毒力(MLD/mL 或 MLD/g*)。如 10 倍、50 倍稀释均致小鼠全部死亡，而注射 5 000 倍稀释的小鼠全部存活，则检样上清液所含毒素的毒力为 100MLD/mL。

(5)定型实验　根据毒力测定结果，将检样上清液用明胶磷酸盐缓冲液稀释至所含毒素的毒力大体在 10~100MLD/mL 的范围，用各单型肉毒抗毒诊断血清与之等量混合，37℃作用 30min，各注射小鼠 2 只，每只 0.5mL，观察 4d。同时，以明胶磷酸盐缓冲液代替诊断血清，与稀释毒素液等量混合作为对照。能保护动物免于发病、死亡的诊断血清型即为检样所含肉毒毒素的型别。

(6)结果分析　食物中发现毒素，表明未经充分的加热处理，可能引起肉毒中毒。检出肉毒梭菌，但未检出肉毒毒素，不能证明此食物会引起肉毒中毒。肉毒中毒诊断必须以检出食物中的肉毒毒素为准。

2. 肉毒梭状芽孢杆菌检出

实验操作流程： 增菌培养与检出实验→分离培养→鉴定实验(染色镜检、毒素基因检测)→菌株产毒实验(参考本实验内容 1)→结果分析

(1)增菌培养与检出　取庖肉培养基试管 3 支，水浴煮沸 10~15min。做如下处理：第 1 支，急速冷却，接种检样均质液 1~2mL；第 2 支，冷却接种检样后，保温 80℃ 10min；第 3 支，作为对照。将接种好的疱肉培养基置 35℃±1℃培养 5d；TPGYT 培养基试管 2 支，同样煮沸冷却除氧，同上处理分别接种，28℃±1℃培养 5d。如果没有生长，再培养 10d。培养到期，如有生长，取培养液离心，取上清液进行毒素检测实验，阳性结果说明检样中有肉毒梭菌存在。肉毒梭菌在庖肉培养基中生长时，呈现混浊，产气、奇臭，有的能消化肉渣。革兰染色后，为革兰阳性的粗大杆菌，形成芽孢时呈梭状。

(2)分离培养　继增菌产毒培养实验后，取阳性培养物接种卵黄琼脂平板，35℃±1℃厌氧培养 48h。肉毒梭菌生长时，菌落及其周围培养基表面覆盖着特有的彩虹样(或珍珠层样)薄层，但 G 型肉毒梭菌无此现象。

(3)鉴定实验　根据菌落形态及菌体特征挑取可疑菌落，接种庖肉培养基，于 30℃培养 5d 后进行毒素检测，并再次接种卵黄琼脂平板，进行培养特征检查，以进一步确证。

①染色镜检：同 2(2)。

②毒素基因检测(见二维码中介绍)。

(4)菌株产毒实验　同 1(4)和(5)。

五、实验结果

(1)依据步骤 1 检测结果，得出 25g(或 25mL)样本中是否含有肉毒毒素的结论。

(2)依据步骤 2 检测结果得出 25g(或 25mL)样本中是否含有肉毒梭状芽孢杆菌的报告。

---

* MLD=小鼠全部死亡的最高稀释倍数×样品稀释倍数。

六、注意事项

(1)菌株要厌氧培养。

(2)典型的肉毒中毒，小鼠一般会在实验前24h内死亡，24h后的死亡是可疑的，除非有典型的症状出现。

(3)小鼠要用不会抹去的颜色(如苦味酸、中性红等)加以标记，小鼠的饲料与水必须及时添加，充分供应。

【思考题】

1. 在食品中检测肉毒梭状芽孢杆菌及其毒素的过程中，应注意哪些事项?

2. 不论食品中肉毒毒素检验或者肉毒梭菌检验，均以毒素的检验及定型实验为判定的主要依据，为什么?

实验40 粮食中黄曲霉毒素B1的检测

一、实验目的

1. 了解黄曲霉毒素的特性及其对人体的危害。
2. 掌握食品中黄曲霉毒素B1的检测方法。

二、实验原理

含有黄曲霉毒素B1的样品经提取、浓缩、薄层分离后，在波长365nm紫外光下产生蓝紫色荧光，根据其在薄层上显示荧光的最低检出量来测定含量。本方法适用于粮食、花生制品、薯类、豆类、发酵食品及酒类等食品中黄曲霉毒素B1的测定。本方法薄层板上黄曲霉毒素B1的最低检出限量为0.000 4μg，检出限为5μg/kg。

目前，常用检测方法有高效液相色谱(HPLC)检测和酶联免疫检测(ELISA)。

三、实验材料

1. 检样

玉米、大米、小麦、面粉、薯干、豆类、花生、花生酱等。

2. 试剂

三氯甲烷、正己烷或石油醚(沸程30~60℃或60~90℃)、甲醇、苯、乙腈、无水乙醚或乙醚经无水硫酸钠脱水、丙酮。以上试剂在实验时先进行一次试剂空白实验，如不干扰测定即可使用，否则需逐一进行重蒸。

硅胶G(薄层色谱用)、三氟乙酸、无水硫酸钠、氯化钠、苯-乙腈混合液(量取98mL苯，加2mL乙腈，混匀)、甲醇水溶液(55+45)、黄曲霉素B1标准溶液、黄曲霉素B1标准使用液、4%次氯酸钠溶液(消毒用)。

3. 仪器与用具

小型粉碎机、样筛、电动振荡器、全玻璃浓缩器、玻璃板(5cm×20cm)、薄层板涂布器、展开槽(内长25cm、宽6cm、高4cm)、紫外光灯(100~125W，带有波长365nm滤光片)、微量注射器或血色素吸管。

四、实验内容

实验操作流程：取样→提取→测定(本实验学习单项展开法)

1. 取样

每份分析测定用的样品应从大样经粗碎与连续多次用四分法缩减至0.5~1kg，然后全部粉碎。粮食样品全部通过20目筛，混匀。花生样品全部通过10目筛，混匀。花生油和花生酱等样品不需制备，但取样时应搅拌均匀。

2. 提取

称取20g粉碎过筛样品于250mL具塞锥形瓶中，用滴管加6mL水，使样品湿润，准确加入60mL三氯甲烷，振荡30min，加12g无水硫酸钠，振摇后，静置30min，用叠成折叠式的快速定性滤纸过滤于100mL具塞锥形瓶中。取12mL滤液（相当4g样品）于蒸发皿中，在65℃水浴上通风挥干，然后放在冰盒上冷却2~3min后，准确加入1mL苯-乙腈混合液，用带橡皮头的滴管管尖将残渣充分混合，若有苯的结晶析出，将蒸发皿从冰盒上取下，继续溶解、混合，晶体即消失，再用此滴管吸取上清液转移于2mL具塞试管中。

3. 测定（单项展开法）

（1）薄层板的制备　称取约3g硅胶G，加相当于硅胶量2~3倍的水，用力研磨1~2min至成糊状后立即倒于涂布器内，推成5cm×20cm，厚度约0.25mm的薄层板3块。在空气中干燥约15min后，在100℃活化2h，取出，放干燥器中保存。一般可保存2~3d，若放置时间较长，可再活化后使用。

（2）点样　将薄层板边缘附着的吸附剂刮净，在距薄层板下端3cm的基线上用微量注射器或血色素吸管加滴样液。一块板可滴加4个点，点距边缘和点间距约为1cm，点直径约3mm。在同一板上滴加点的大小应一致，滴加时可用吹风机用冷风边吹边加。

滴加样式如下：

①第1点：10μL 0.04μg/mL黄曲霉毒素B1标准使用液。

②第2点：20μL样液。

③第3点：20μL样液+10μL 0.04μg/mL黄曲霉毒素B1标准使用液。

④第4点：20μL样液+10μL 0.2μg/mL黄曲霉毒素B1标准使用液。

（3）展开与观察　在展开槽内加10mL无水乙醚，预展12cm，取出挥干。再于另一展开槽内加10mL丙酮-三氯甲烷（8+92），展开10~12cm，取出。在紫外光下依据观察结果确定后续实验步骤：

①由于样液上加滴黄曲霉毒素B1标准使用液，可使黄曲霉毒素B1标准点与样液中的黄曲霉毒素B1荧光点重叠。如样液为阴性，薄层板上的第3点中黄曲霉毒素B1为0.000 4μg，可用作检查在样液内黄曲霉毒素B1最低检出量是否正常出现；如为阳性，则起定位作用。薄层板上的第4点中黄曲霉毒素B1为0.002μg，主要起定位作用。

②若第2点在与黄曲霉毒素B1标准点的相应位置上无蓝紫色荧光点，表示样品中黄曲霉毒素B1含量在5μg/kg以下；如在相应位置上有蓝紫色荧光点，则需进行确证试验。

（4）确证试验　为了证实薄层板上样液荧光是由黄曲霉毒素B1产生的，滴加三氟乙酸，产生黄曲霉毒素B1的衍生物，展开后此衍生物的比移值在0.1左右。

于薄层板左边依次滴加2个点：

①第 1 点：10μL 0.04μg/mL 黄曲霉毒素 B1 标准使用液。

②第 2 点：20μL 样液。

于以上 2 点各加 1 滴三氟乙酸盖于其上，反应 5min 后，用吹风机吹热风 2min，使热风吹到薄层板上的温度不高于 40℃。再于薄层板上滴加以下 2 个点。

③第 3 点：10μL 0.04μg/mL 黄曲霉毒素 B1 标准使用液。

④第 4 点：20μL 样液。

(5)确证实验展开　在展开槽内加 10mL 无水乙醚，预展 12cm，取出挥干。再于另一展开槽内加 10mL 丙酮-三氯甲烷(8+92)，展开 10～12cm，取出，在紫外光灯下观察样液是否产生与黄曲霉毒素 B1 标准点相同的衍生物。未加氟乙酸的第 3 点和第 4 点，可依次为样液与标准的衍生物空白对照。

(6)稀释定量　样液中的黄曲霉毒素 B1 荧光点的荧光强度如与黄曲霉毒素 B1 标准点的最低检出量(0.000 4μg)的荧光强度一致，则样品中黄曲霉毒素 B1 含量即为 5μg/kg。如样液中荧光强度比最低检出量强，则根据其强度减少滴加微升数或将样液稀释后再滴加不同微升数，直至样液点的荧光强度与最低检出量的荧光强度一致为止。滴加试样如下：

①第 1 点：10μL 0.04μg/mL 黄曲霉毒素 B1 标准使用液。

②第 2 点：根据情况滴加 10μL 样液。

③第 3 点：根据情况滴加 15μL 样液。

④第 4 点：根据情况滴加 20μL 样液。

(7)结果计算　试样中黄曲霉毒素 B1 的含量按下式进行计算：

$$X_2 = 0.000\,4 \times \frac{V_1 D}{V_2} \times \frac{1\,000}{m}$$

式中，X_2为样品中黄曲霉毒素 B1 的含量，μg/kg；V_1为加入苯-乙腈混合液的体积，mL；V_2为出现最低荧光时滴加样液的体积，mL；D 为样液的总稀释倍数；m 为加入苯-乙腈混合液时相当样品的质量，g；0.000 4 为黄曲霉毒素 B1 的最低检出量，μg。

五、实验结果

(1)计算样品黄曲霉毒素 B1 含量并填入表 40-1。

表 40-1　样品中黄曲霉毒素 B1 含量

样品	V_1/mL	V_2/mL	D	m/g	X/(μg/kg)

(2)记录黄曲霉毒素 B1 薄层板上荧光展示的图片。

六、注意事项

实验在暗处进行。试样中污染黄曲霉毒素高的颗粒会影响测定结果，因此采样应注意以下几点：①采样有代表性；②对局部发霉变质的试样检验时应单独取样；③每批试样采样 3 份大样。

【思考题】

1. 测定黄曲霉毒素 B1 方法有哪几种？
2. 测定黄曲霉毒素 B1 时怎样获得其准确结果？
3. 根据国家检测标准，对于不同样品其前处理方法不同，为什么？
4. 黄曲霉毒素分哪几类？主要污染哪些食品？
5. 如何预防食品被黄曲霉毒素污染？

实验 41 食品中赭曲霉毒素 A 的检测

实验 42 紫外线诱变及杀菌实验

一、实验目的

1. 掌握紫外线诱变的原理。
2. 掌握紫外线诱变及测定杀菌效率的方法。

二、实验原理

紫外线具有杀菌和诱变作用，紫外线诱变的主要作用是使 DNA 链中相邻二个嘧啶核苷酸形成二聚体（TT 二聚体），并阻碍双链的解旋和复制，从而引起遗传性变异。紫外线诱变选育菌种致死率一般控制在 70%～80%为宜。

受紫外线损伤的 DNA，能被可见光复活，因此，经诱变处理过的微生物样品需用黑纸或黑布包裹以避免可见光照射。另外，照射处理后的孢子液不要存放太久，以免突变在黑暗中修复。

本实验用紫外线对产淀粉酶的枯草芽孢杆菌进行诱变处理。根据枯草杆菌在淀粉培养基上透明圈直径的大小来指示诱变效应。相同条件下，透明圈越大表示淀粉酶活性越强。通过计算致死率测定紫外线的杀菌效果。

三、实验材料

1. 菌种、培养基及试剂

枯草芽孢杆菌（*Bacillus subtilis*）、淀粉培养基（附录 A15）、无菌生理盐水、碘液。

2. 仪器与用具

培养皿、锥形瓶、涂布器、酒精灯、移液枪、无菌枪头、恒温培养箱、超净台、显微镜、紫外线灯(15W)、电磁搅拌器、离心机等。

四、实验内容

实验操作流程：菌液制备→紫外线处理→涂平板→培养→计算致死率→观察诱变效应

1. 菌液制备

(1)取培养48h的枯草芽孢杆菌的斜面4~5支，用无菌生理盐水将菌苔洗下，并倒入盛有玻璃珠的小三角烧瓶中，振荡30min，以打碎菌块，促使菌体细胞彼此分散。

(2)将上述菌液离心(3 000r/min，离心15min)，弃去上清液，将菌体用无菌生理盐水洗涤2~3次，制成菌悬液。

(3)用显微镜直接计数法计数，调整菌体浓度约为10^8CFU/mL。

2. 制平板

将熔化后冷至55℃左右的灭菌淀粉琼脂培养基倒平板，凝固后待用。

3. 紫外线处理

(1)在暗室或红光下进行紫外线处理。将紫外线灯开关打开预热约20min，使光波稳定。

(2)取直径9cm无菌平皿4套，分别加入上述菌悬液5mL，并放入无菌搅拌棒于平皿中。

(3)将盛有菌悬液的4平皿置于磁力搅拌器上，在距离为30cm，功率为15W的紫外线灯下，打开皿盖，分别搅拌照射1min、3min、5min、7min。

(4)在红灯或黑暗条件下，将上述经诱变处理的菌悬液以10倍稀释法稀释成10^{-1}~10^{-6}CFU/mL(具体可按估计的存活率进行稀释)。

4. 涂平板

分别取稀释度为10^{-4}CFU/mL、10^{-5}CFU/mL、10^{-6}CFU/mL的菌液涂平板，每个稀释度涂平板3皿，每皿平板加稀释菌液0.1mL，涂布均匀。取未经紫外线处理的菌稀释液涂平板做对照。

5. 培养

将上述涂匀的平板，用黑布(或黑纸)包好，置37℃培养48h。注意每个平皿背面要标明处理时间和稀释度。

6. 计算致死率

将培养48h后的平板取出进行细菌计数，根据对照组平板上菌落数，计算出每毫升菌液中的活菌数。同样计算出紫外线处理1min、3min、5min、7min后的存活细胞数及其致死率。

$$致死率=\frac{对照每毫升活菌数-处理后每毫升活菌数}{对照每毫升活菌数}\times100\%$$

7. 观察诱变效应

计数后的平板，分别向菌落数在5~6个的平板内加碘液数滴，在菌落周围将出现透明圈。分别测量透明圈直径与菌落直径并计算其比值(HC值)。与对照平板进行比较，根据结果，说明是否产生诱变效应。并选取 HC 值大的菌落移接到试管斜面上培养。此斜面可作复筛用。

五、实验结果

将实验结果记录于表 42-1、表 42-2 中，计算紫外线致死率，初筛诱变效果最优的菌株。

表 42-1 UV 不同照射时间枯草芽孢杆菌存活率及致死率

处理时间/min	稀释倍数	平均菌落/数/皿	存活率/%	致死率/%
0（对照）	10^{-4}			
	10^{-5}			
	10^{-6}			
1	10^{-4}			
	10^{-5}			
	10^{-6}			
3	10^{-4}			
	10^{-5}			
	10^{-6}			
5	10^{-4}			
	10^{-5}			
	10^{-6}			
7	10^{-4}			
	10^{-5}			
	10^{-6}			

表 42-2 透明圈和菌落直径大小（mm）及其 HC 比值

	1			2			3		
	透明圈直径	菌落直径	HC 值	透明圈直径	菌落直径	HC 值	透明圈直径	菌落直径	HC 值
UV 处理									
对照									

六、注意事项

（1）实验中应避免皮肤长时间地暴露在紫外灯下。

（2）经紫外线处理后的操作和培养要在暗处或红光下进行。

（3）紫外线诱变、杀菌时需打开培养皿盖子。

【思考题】

1. 为保证诱变效果，应注意掌握哪些环节？
2. 经紫外线处理后的操作和培养为什么要在暗处或红光下进行？
3. 紫外线诱变、杀菌时为什么要打开培养皿盖子？

实验 43　细菌回复突变实验(Ames 法)

一、实验目的

1. 掌握 Ames 法检测诱变剂的原理和检测程序。
2. 以亚硝基胍(NTG)为例学习利用细菌快速检测基因突变的方法。

二、实验原理

本实验检测受试物对细菌的基因突变的影响，预测遗传毒性和潜在的致癌性。2015 年实施的食品安全国家标准 GB 15193.4—2014，回复突变实验包括鼠伤寒沙门菌的回复突变实验和大肠埃希菌的回复突变实验。本实验是前者，也就是传统的 Ames 实验，即利用某种物质是否能引起鼠伤寒沙门菌组氨酸缺陷型菌株(his^-)发生回复突变来判断其是否为诱变剂，并采用不同的实验菌株对突变类型(置换或移码突变)加以鉴别(图 43-1)。不同菌株自发回复突变率在不同实验室虽稍有差异，但通常相当稳定，受试物若存在诱变性，回复突变(回变)菌落数会明显增加，并呈剂量依赖关系。

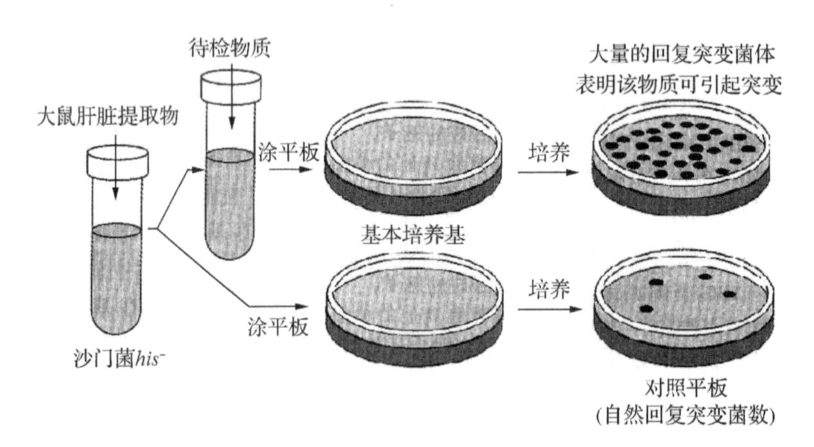

图 43-1　Ames 实验原理

间接致癌物的诱变性是被哺乳动物肝细胞中的羟化酶系统活化的，细菌没有这种酶系统，故检测体系中需外源加入鼠肝匀浆的酶系统，如黄曲霉毒素 B1 的检测。

三、实验材料

1. 菌株

鼠伤寒沙门菌的突变型菌株，见表43-1。

表43-1　实验标准菌株生物学特性(基因型)鉴定标准

菌株	组氨酸缺陷	脂多糖屏障缺失	*uvrB* 修复缺陷	生物素缺陷	抗氨苄青霉素	抗四环素	检测的突变型
TA1535	his^-	*Rfa*	$\triangle uvrB$	bio^-		—	置换
TA100	his^-	*Rfa*	$\triangle uvrB$	bio^-	R	—	置换
TA1537	his^-	*Rfa*	$\triangle uvrB$	bio^-		—	移码
TA98	his^-	*Rfa*	$\triangle uvrB$	bio^-	R	—	移码
TA97	his^-	*Rfa*	$\triangle uvrB$	bio^-	R	—	移码
TA102	his^-	*Rfa*	不缺失	bio^-	R	R	置换、移码
野生型	his^+	不缺失	不缺失	bio^+	—	—	—

2. 培养基及试剂

底层培养基(用于致突变实验)(附录A69)、顶层培养基(附录A70)、营养肉汤培养液(附录A1，用作增菌培养)、营养肉汤琼脂培养基(附录A1，用作基因型鉴定)、组氨酸-D生物素平板(附录A71)、氨苄青霉素平板(保存TA97、TA98、TA100菌株的主平板)(附录A72)、氨苄青霉素-四环素平板(保存TA102菌株的主平板)(附录A73)、0.8%氨苄青霉素溶液(无菌配制)(附录B16)、0.8%四环素溶液(无菌配制，附录B17)、0.1%结晶紫溶液(附录B4)、亚硝基胍(NTG)(附录B18)溶液。

3. 仪器与用具

低温高速离心机、超低温冰箱(-80℃)或液氮罐、洁净工作台、恒温培养箱、恒温水浴箱、蒸汽压力锅、匀浆器、培养皿、移液管、试管、15W紫外灯、水浴锅、圆形滤纸片(直径10mm的厚滤纸)、镊子、黑纸、5mL注射器、台秤、剪刀、烧杯、匀浆管等实验室常用仪器和用具。

4. 代谢活化系统制备

(1)大鼠肝S-9的诱导和制备　选健康的150g左右成年雄性SD大鼠或Wistar大鼠，用玉米油配制200mg/mL五氯联苯溶液，按每千克体质量500mg/kg(2.5mL)的剂量腹腔注射，以提高酶活力。第六天断头处死大鼠，处死前禁食12h，摘取肝脏，合并称重。用预冷的0.1mol/L氯化钾溶液冲洗肝脏数次以除去对微粒体酶具有抑制作用的血红蛋白。将烧杯置于冰浴，每克肝(湿重)加预冷的0.1mol/L氯化钾溶液3mL，消毒剪刀剪碎，用匀浆器(低于4 000r/min、1~2min)制成匀浆。将肝匀浆12 000r/min离心10min，上清液即S-9组分，分装。最好用液氮或干冰速冻后置-80℃低温保存，若无条件则置-20℃冷藏备用，注意无菌操作。

(2)S-9混合液的配制 2mL S-9组分中加入已灭菌的10mL NADP和G-6-P使用液，

混合液置冰浴待用，4℃下其活性可保持4~5h。依用量现用现配，当日使用。

四、实验内容

实验操作流程： 菌株验证→实验设计(确定溶媒、剂量、设置对照等)→NTG诱变作用的检测(点试法，平板掺入法)→NTG突变频率的测定

1. 菌株验证

将实验菌株接种至营养肉汤中，37℃ 振荡(100r/min)培养至对数生长期；在进行实验前，需对菌株进行基因型鉴定、自发回变数鉴定、对鉴别性诱变剂的反应鉴定，合格后才能用于致突变实验，参考表43-1及实验后参考资料。

2. 实验设计

受试物的最低剂量为每皿0.1μg，最高剂量为出现沉淀的剂量(溶解度允许浓度或饱和浓度)或对细菌产生最小毒性的剂量。每种受试物在允许最高剂量下(5mg/皿)一般选用4个(含4个)剂量，每剂量间隔不超过5倍，进行剂量-反应关系研究，每个剂量应做2~3个平行平板。并应同时设阳性和阴性(受试物溶剂)对照。溶剂应无诱变性，可选用水、二甲基亚砜(每皿不超过0.4mL)等。

3. NTG诱变作用的检测

一般先用点试法做预实验，以了解受试物对沙门菌的毒性和可能的致突变性，平板掺入法是标准实验方法。

(1)点试法(诱变作用的初检)

①NTG的诱变作用：倒好底层培养基平板，熔化顶层培养基，置48℃水浴中保温。将各菌株的菌液稀释20倍后，吸取0.2mL与顶层培养基迅速混匀后倾入底层平板上，每个菌株6皿。凝固后于皿中心小心放入无菌圆形滤纸片，于其上分别点加50μg/mL、250μg/mL、500μg/mL的NTG各0.02mL，即每皿分别是1μg、5μg和10μg，37℃培养2d后观察结果。

②凡在点样纸片周围长出一圈密集的his^+回变菌落者，该受试物即为致突变物质。如只在平板上出现少数散在的自发回变菌落则为阴性。如在滤纸片周围见到抑菌圈，说明受试物具有细菌毒性。

(2)平板掺入法(标准实验法)

①取已熔化并于45℃水浴中保温的顶层培养基1管(2mL)，依次加入受试物溶液0.1mL，测试菌液0.05~0.2mL(需活化时加入10% S-9混合液0.5mL)，迅速混匀，倒在底层培养基上，转动平板使顶层培养基均匀分布在底层培养基上，凝固后37℃培养48h后观察结果。

②计数平板上的回变菌落数，如在背景生长良好条件下，受试物每皿回变菌落数比自发回变菌落数增加1倍以上(即回变菌落数等于或大于2乘以空白对照菌落数)，并有剂量-反应关系或至少某一测试点有重复的并有统计学意义的阳性反应，即可认为该受试物为诱变阳性。当受试物浓度达到5mg/皿仍为阴性者，可认为是阴性。

③报告的实验结果应是两次以上独立实验重复的结果。如果受试物对4种菌株(加和不加S-9)的平皿掺入实验均得到阴性结果，可认为此受试物对鼠伤寒沙门菌无致突

变性；如受试物对一种或多种菌株(加或不加 S-9)的平皿掺入实验得到阳性结果，即认为此受试物是鼠伤寒沙门菌的致突变物。

4. NTG 突变频率的测定

点试法简便，但仅能作为初步的定性测定。只有严格地测定了诱发回复突变频率后才能得到阳性或阴性的肯定结论。

(1) NTG 诱发回复突变的频率　倒好底层培养基平板 16 皿，融化顶层培养基 16 支，48℃水浴保温，于其中加入稀释 20 倍的菌液各 0.2mL 和 NTG(50μg/mL)0.1mL，阴性对照不添加 NTG，用于测定自发回复突变率，摇匀后立即倾注到底层平板上，每个处理 2 个平行平板。37℃培养 2d 后观察结果。计算自发回复突变率和诱发回复突变率。凡诱发回复率超过自发回复突变率 2 倍以上者属于阳性，低于 2 倍属于阴性。

(2) 为了计算突变频率，必须同时测定各菌液的活菌数目　为此需将上述 3 个菌株的 20 倍稀释液再稀释至 10^{-5}、10^{-6} 后各取 0.1mL 与营养肉汤培养基混匀。各菌株 4 皿，37℃培养 2d 后计数。

五、实验结果

(1) 以表(参考表 43-1)的格式记下测试菌株的鉴定结果。

(2) 把 NTG 诱变作用的初检(点试法)结果记在表 43-2 中。

(3) 把 NTG 诱发回复突变频率的测定结果记在表 43-3 中。

表 43-2　NTG 诱发回复突变的初检结果

菌株	1μg/皿		5μg/皿		10μg/皿	
	A	B	A	B	A	B
TA1535						
TA100						
TA98						

表 43-3　NTG 的诱发回复突变频率测定结果

菌株	活菌计数			自发回复突变			诱发回复突变		
	A	B	平均	A	B	平均	A	B	平均
TA1535									
TA100									
TA98									
TA97									

六、注意事项

(1) 含有抗药性质粒的菌株，应尽可能减少传代。

(2) 鼠伤寒沙门菌是条件致病菌，所以用过的器皿应放入石炭酸中或进行煮沸灭菌，培养基也应经煮沸后倒弃。

(3) NTG 和黄曲霉毒素都是强致癌物，应在通风橱中进行操作，操作时切勿用嘴吸取，用过的器皿要用水大量冲洗或放入 0.5mol/L 硫代硫酸钠中和解毒后方可清洗。

(4) 受试的致癌物与致突变物的废弃处理，原则上按照放射性核素废弃物处理方法进行。

【思考题】

1. Ames 实验的优缺点是什么？
2. 如何对点试法和平板掺入法的结果进行评价？

第3篇

食品微生物发酵应用技术

食品微生物应用技术包括微生物发酵技术、生物反应器技术和酶制剂技术等，本篇实验主要是利用微生物发酵获得含有菌体的发酵食品和发酵代谢物以及微生物发酵功能物质的活性测定，为学子们的创新科研与产品研发提供方法和思路。

本篇不仅要利用第1篇的基本实验技术，还要利用第2篇的食品检测技术保障食品安全，属于本教材比较复杂的综合性实验，也符合同学们渐进学习的模式。

将中国传统发酵食品的配方及工艺进行与时俱进的创新，开拓食品微生物的应用和产业化研究，培养学子们孜孜以求的专业精神和家国情怀。

实验 44 乳酸菌的分离、发酵剂的制作及检验

一、实验目的

1. 掌握从发酵乳中分离纯化乳杆菌和乳酸球菌的方法。
2. 学习乳杆菌和乳酸球菌的初步鉴定方法。
3. 掌握乳品发酵剂制作程序及其品质鉴定方法。

二、实验原理

乳酸菌能利用可发酵性糖产生乳酸，人们利用其产酸特点发酵生产某些食品，提高食品口感或延长贮藏期。例如，利用乳酸菌发酵生产乳制品(如酸奶、干酪、牛奶酒等)、各种植物发酵制品(如泡菜和青贮饲料等)。因此，从自然界中有目的地分离纯化鉴定某些乳酸菌，对于开发新产品、提高发酵食品质量具有实际应用价值。

发酵乳中乳酸菌的分离采用溴甲酚绿(bromocresol green，BCG)牛乳营养琼脂平板分离法。溴甲酚绿指示剂在酸性环境中呈黄色，在碱性环境中呈蓝色。在分离培养基(pH 6.8)中加入溴甲酚绿指示剂后呈蓝绿色，乳酸菌在该培养基中生长并分解乳糖，产生乳酸，使菌落呈黄色，菌落周围的培养基也变为黄色。在含有碳酸钙的培养基中，乳酸菌产生的乳酸能将培养基中的碳酸钙溶解，菌落周围产生透明圈。但是出现碳酸钙溶解圈仅能说明该菌产酸，不能证明就是乳酸菌，想进一步确认还要进行有机酸的测定，乳酸可用纸层析法鉴别。此外，从开菲尔粒中分离纯化乳酸菌时，因其含有一定数量的酵母菌，为此在上述相应的分离培养基中还要加入山梨酸钾、脱氢醋酸钠或纳他霉素等防腐剂，以抑制真菌的生长。初步鉴定后的乳酸菌应进行生理生化实验以确定其菌属，还需结合 16S rRNA 序列分析等方法以精确鉴定到种。

乳品发酵剂是用于乳发酵的微生物纯培养物。发酵剂最初应用的菌种称为原培养物。原培养物的菌数远不够发酵原料乳所需要的量，需将之扩大培养成为母发酵剂，再扩培至生产发酵剂或工作发酵剂，才可用于原料乳的发酵。发酵剂仅用一株发酵乳糖能力强的乳酸菌制备，称为单一菌种发酵剂；而采用两种或两种以上的乳酸菌制作，称为复合菌种发酵剂。

牛乳经发酵可产生令人满意的芳香味或使产品质地发生改变而提高口感。乳品发酵剂是制作酸奶、干酪、乳酒和酸奶油等发酵产品的关键步骤，其品质优劣直接影响产品的感官质量与风味适口性。因此，在实际生产中必须掌握发酵剂的感官、理化、微生物学鉴定以及乳酸菌种的活力验证等鉴定方法。

三、实验材料

1. 样品

市售普通酸奶、酸泡菜汁（要求有活性）。

2. 培养基及试剂

乳清琼脂培养基（附录 A74）、溴甲酚绿（BCG）牛乳琼脂培养基（附录 A75）、番茄汁琼脂培养基（附录 A76）、酸化 MRS 琼脂培养基（附录 A77）、改良 MRS 琼脂培养基（附录 A78）、MRS 液体培养基（5mL 或 10mL/试管，附录 A14）、脱脂乳培养基（5mL/试管或 10mL/试管，200mL/锥形瓶，附录 B15）、无菌生理盐水（9mL/试管，45mL/100mL 锥形瓶，内带玻璃珠，附录 B1）、灭菌吐温-80（10 倍稀释液）、碳酸钙粉末（用硫酸纸包好，高压灭菌）、3%过氧化氢溶液（附录 B20）、乳酸标准样品、革兰染色液（附录 B4）。

3. 仪器与用具

无菌吸管（1mL、5mL）、无菌培养皿、接种环、特制蜗卷铂耳环、玻璃涂布棒、酒精灯、培养箱、显微镜、振荡器等。

四、实验内容

实验操作流程： 分离样品中的乳杆菌→分离获得乳杆菌和乳酸球菌→发酵剂制作→发酵剂品质鉴定

（一）用酸化 MRS 培养基分离酸乳中的乳杆菌

实验操作流程： 样品稀释→平板分离培养→观察菌落特征→纯化培养→镜检形态→乳酸测定→生理生化实验

1. 样品稀释

用无菌吸管吸取待分离样品 5mL，移入盛有 45mL 无菌生理盐水带玻璃珠的锥形瓶中，充分振摇混匀，即为 10^{-1} 的样品稀释液。另取一支吸管自 10^{-1} 锥形瓶内吸取 1mL 移入 10^{-2} 无菌生理盐水试管内，反复吹吸混匀，再按 10 倍梯度稀释至 10^{-6}、10^{-7} 稀释度。

2. 平板分离培养

取上述 10^{-6}、10^{-7} 稀释度的稀释液各 1mL 分别注入无菌培养皿中，每个稀释度做 2 个重复。以无菌操作按 20~30g/L 的量将灭菌的碳酸钙加入熔化了的酸化 MRS 琼脂培养基中，于自来水中迅速冷却培养基至 50℃左右（稍烫手，但能长时间握住），边冷却边摇晃将瓶内碳酸钙摇匀（勿产生气泡）的同时，立刻倒入培养皿内摇匀（碳酸钙不能沉淀于平皿底部），使样品稀释液和碳酸钙均匀分布于培养基中。待培养基凝固后，倒置于 30℃（酸泡菜汁样品）和 40℃（酸乳样品）恒温箱中培养 24~48h。

3. 观察菌落特征

酸乳中的德氏乳杆菌保加利亚亚种的菌落周围产生碳酸钙的溶解圈，菌落直径 1~3mm，边缘不规则，呈白色至灰白色，菌落表面较粗糙。

4. 纯化培养

挑取典型单菌落 5~6 个分别接种于 MRS 液体培养基试管中，40℃温箱中培养 24h。

5. 镜检形态

取上述试管液体培养物 1 环，进行涂片、革兰染色，油镜观察个体形态和纯度。酸乳中的德氏乳杆菌保加利亚亚种为革兰阳性菌，细胞宽约 2μm，呈长短不等的杆状，单生、成对或长丝状排列。同时挑取 1 环培养液与载玻片上的 3%过氧化氢混匀，观察产气泡情况。

6. 乳酸测定

取上述试管培养上清液采用纸层析法检测乳酸的产生情况。

7. 生理生化实验

鉴定流程如图 44-1 所示，具体方法参见实验 19。

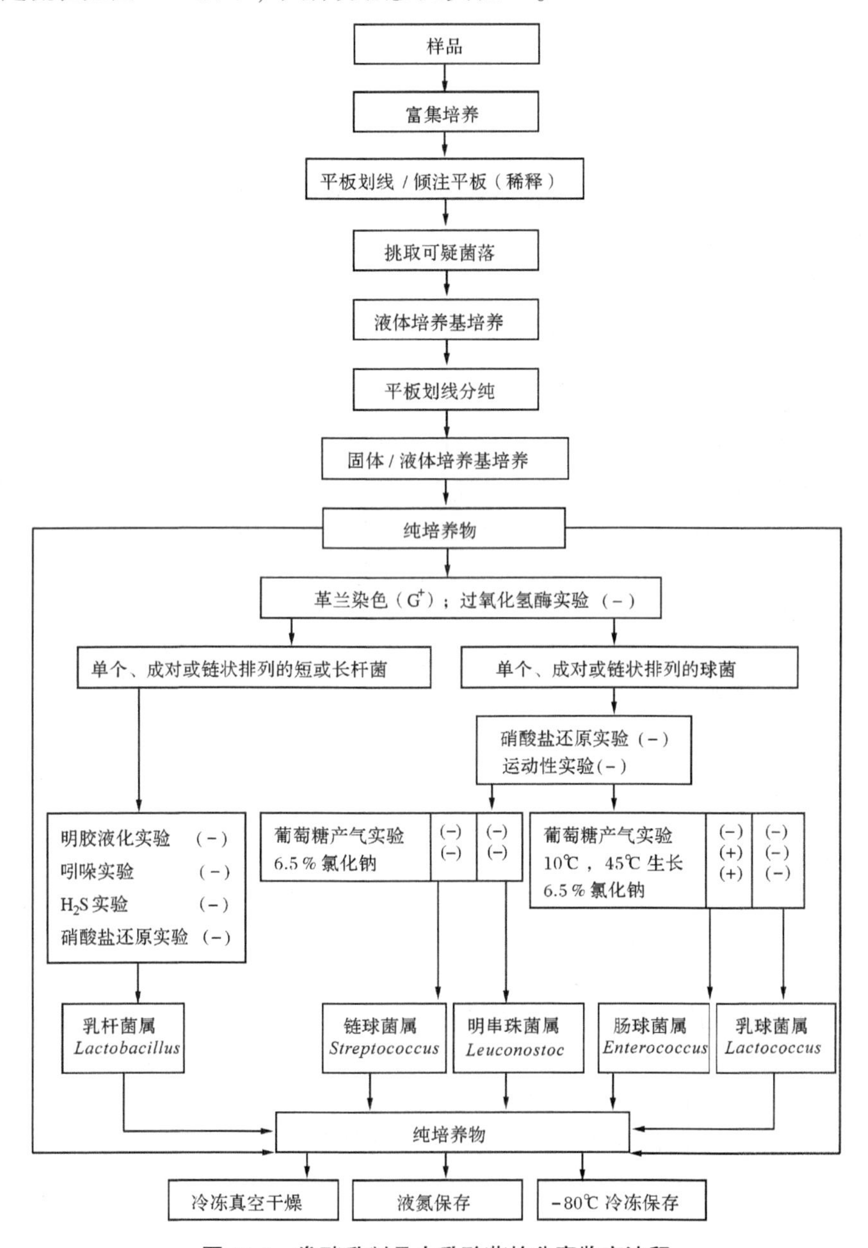

图 44-1　发酵乳制品中乳酸菌的分离鉴定流程

（二）用乳清培养基和BCG牛乳培养基分离酸乳中的乳杆菌（*Lactobacillus bulgaricus*，Lb）和链球菌（*Streptococcus thermophilus*，St）

实验操作流程：样品稀释→平板分离培养→观察菌落特征→纯化培养→镜检形态→乳酸测定→生理生化实验

1. 样品稀释

方法同上。

2. 平板分离培养

取其中 10^{-6}、10^{-7} 稀释度的稀释液各0.1～0.2mL，分别接入BCG牛乳琼脂平板和乳清琼脂平板中，用无菌玻璃涂布棒依次涂布，每个稀释度做2个重复，或直接用接种环蘸取原液或 10^{-1} 的样品稀释液1环做平板划线分离，倒置于40～43℃恒温箱中培养48h。

3. 观察菌落特征

如出现圆形或不规则状、隆起或稍扁平、表面光滑或较粗糙的黄色菌落，及其周围培养基亦为黄色者初步定为乳酸菌。

4. 纯化培养

将典型单菌落5～6个分别接种于脱脂乳试管中，置40～43℃恒温箱中培养8～24h至牛乳凝固，无气泡，呈酸性。

5. 镜检形态

取上述试管凝固培养物1环，进行涂片、革兰染色，油镜观察细胞呈杆状或链球状，革兰染色阳性，同时挑取1环培养液与载玻片上的3%过氧化氢混匀，不产气泡。则将乳凝固的培养物转接入5mL灭菌脱脂乳试管中连续传代若干次，挑选出于40～43℃培养3～4h，或37℃培养8～12h能凝乳的试管，保存备用。

6. 乳酸测定

乳酸的鉴定及生成量的测定。其发酵上清液经纸层析测定证明产乳酸。

7. 生理生化实验

同上。

（三）发酵剂制作方法

1. 普通酸奶发酵剂制作程序

菌种培养物（试管）5mL脱脂乳 $\xrightarrow{1\%}$ 母发酵剂（小锥形瓶）100mL脱脂乳 $\xrightarrow{1\%\sim2\%}$ 生产发酵剂（小锥形瓶）5L原料乳 $\xrightarrow{2\%\sim3\%}$ 待发酵乳600L原料乳

2. 单一菌种母发酵剂的制备

将冻干菌种或脱脂乳试管保藏菌种活化2～3次，37℃培养过夜至乳凝固良好且无杂菌污染。无菌吸取Lb和St试管培养物1mL转接入盛100mL脱脂乳的锥形瓶中（按制备母发酵剂所用脱脂乳量的1%接种），充分混匀后，置于37℃恒温箱中培养过夜或于43℃培养3～5h，待乳凝固结实后，供制备生产发酵剂使用。

3. 单一菌种生产发酵剂的制备

将母发酵剂经过染色镜检为纯一的培养物后，按生产发酵剂所用原料乳量的1%～

2%取母发酵剂，接种于盛有5L灭菌原料乳的大锥形瓶中，充分混匀后，置于37℃恒温箱中培养过夜至乳凝固后，冰箱中保藏备用。

（四）发酵剂品质鉴定

实验操作流程：感官检查→化学检查→细菌学检查→活力测定

1. 感官检查

观察发酵剂的质地、组织状态、凝固性状与乳清析出情况、口味与色泽。品质优良的发酵剂应乳凝固结实，质地均匀细腻，组织状态致密、无块状物。用手轻击容器壁时，凝乳仍保持原状，有一定弹性。具有诱人的芳香酸味，如有苦味或其他异味、气泡和色泽变化，主要因污染杂菌之故。无乳清析出或析出较少。乳清析出多的原因：乳中干物质含量较低(低于11.5%)；培养时间超过了乳刚好凝固的时间，或培养温度超过菌种适宜生长温度，使产酸急剧增加，乳清大量析出；有杂菌污染，产生大量其他酸类物质等。

2. 化学检查

主要检查酸度和挥发酸，含生香菌的发酵剂需检查丁二酮。取发酵剂5~10mL置于试管中，加入等体积40%氢氧化钾溶液和微量肌酐或肌氨酸，振荡混匀，静置于48~50℃水浴中2h(或37℃恒温箱中4h)，观察结果。如有丁二酮存在，试管的上部呈现红色。

3. 细菌学检查

主要检查发酵剂内的乳酸菌数量及有无杂菌污染情况。品质好的发酵剂菌数不应低于10^8~10^9个/mL，乳酸菌计数方法有两种：

(1)显微镜直接计数　将发酵剂经1∶10稀释后，取5μL涂片、固定、甲苯胺蓝染色、镜检查数，同时观察有无杂菌污染。

(2)平板菌落计数法　利用MRS乳酸菌计数培养基，采用稀释倾注平板培养法检查发酵剂的活菌数。

注：前种计数方法快速简便，但误差较大，死活菌都计数在内；后者计算活菌数，采用改良MRS培养基可以选择性地快速检测乳酸菌的数量。

4. 活力测定

以凝乳时间、产酸能力、还原刃天青能力、活菌数量判定发酵剂菌种的活力。

(1)肉眼观察　观察并记录单一菌种发酵剂的凝乳时间。

(2)酸度测定　用0.1mol/L氢氧化钠滴定法测定发酵剂的酸度。

(3)还原刃天青能力　测定还原刃天青所需的时间。

(4)活菌计数　采用稀释倾注平板培养法测定发酵剂的活菌数量。

五、实验结果

(1)描述乳酸球菌和乳杆菌在不同培养基平板上的菌落特征，记录过氧化氢酶实验结果和镜检纯化培养物的纯度(菌种纯)，并绘制所分离的乳酸菌个体形态图。

(2)鉴定你所做的普通酸奶发酵剂的品质，并分析乳清析出较多的原因。

六、注意事项

(1)应选择新鲜、品质好的牛乳制作脱脂乳培养基。鲜乳中菌数不能太高，一般低于 10^4 个/mL，不含抗生素和消毒剂，不宜选用乳房炎乳制作发酵剂。脱脂乳培养基灭菌要确实，一般 0.07 MPa 灭菌 20min。灭菌结束后，应尽快人工放气降压，将培养基立即取出，否则牛乳受热时间过长发生褐变(美拉德反应)，破坏牛乳营养成分而影响乳酸菌生长。

(2)如果采用德氏乳杆菌保加利亚亚种和嗜热链球菌制作普通酸奶时，为保证球、杆菌数量在发酵过程中维持适宜的比例，最好先分别制备单一菌种发酵剂。使用时再分别以 1.5%接种到原料乳中，总接种量为 3%，发酵温度 43℃ 培养 2.0~2.5h，或 37℃ 培养 3.0~3.5h。因为混合菌种经几次扩大培养后，两种菌在数量上的 1∶1 比例容易失调，导致产酸慢，延长发酵周期。对复合菌种的发酵剂亦要注意各菌之间的菌数比例平衡问题。

(3)如果采用嗜酸乳杆菌与乳酸乳球菌乳脂亚种生产保健酸奶时，为保证球、杆菌数量在发酵过程中维持 2∶1 比例，宜分别制备单一菌种发酵剂，方法同上。使用时再分别以 2%和 4%接种到原料乳中，总接种量为 6%，发酵温度 41℃ 培养 3.0~3.5h，或 37℃ 培养 5~7h。

(4)盛装发酵剂的容器最好用玻璃制品，以便观察牛乳发酵情况。容器应严密，口要小，盖或塞要紧密，以防微生物污染。锥形瓶口小、容量大，用棉塞塞紧瓶口较严密，适于制备发酵剂。当然也可采用金属容器。

(5)接种时要严格按无菌操作进行，防止杂菌污染。最好在无菌室内调制发酵剂，可减少空气污染，特别要注意酵母菌、霉菌与噬菌体的污染。操作台要用消毒水消毒。接种时尽量不要直接倾倒，而用灭菌吸管转移。

(6)发酵剂培养凝固后应立即冷却。发酵剂量少时可置于 4℃ 冰箱中保存。量多时可在冷水中保存，直至使用。发酵剂在保存过程中不要振荡，否则破坏凝乳性状，不利于品质鉴定。

(7)母发酵剂仅第一次由原培养物(菌种)制作外，在一般生产过程中，均由前代发酵剂制作。如果出现污染或活力降低时才可使用试管菌种制备母发酵剂。

【思考题】

1. 试设计一个从市售酸乳中分离纯化乳酸菌的程序。
2. 某乳品企业生产酸奶的菌种污染了酵母菌或芽孢杆菌，请设计简明实验方案解决？
3. 碳酸钙加入熔化的 MRS 琼脂培养基后，为什么要立即用冷水冷却？
4. 如何进行乳酸菌的菌种保藏与活化？
5. 制作乳品发酵剂应注意哪些问题？

实验45　甜酒酿的制作

一、实验目的

1. 了解酒酿制作的基本原理。
2. 掌握甜酒酿的制作技术。

二、实验原理

以糯米(或大米)经甜酒药发酵制成的甜酒酿，是我国的传统发酵食品。我国酿酒工业中的小曲酒和黄酒生产中的淋饭酒在某种程度上就是由甜酒酿发展而来的。

甜酒酿是糯米经过蒸煮使淀粉糊化，然后加甜酒药经发酵制成的。甜药酒是糖化菌及酵母制剂，其所含的微生物主要有根霉、毛霉及少量酵母。在发酵过程中糖化菌(通常是霉菌)首先将糯米的淀粉分解成葡萄糖，蛋白质水解成氨基酸，接着少量的酵母又将部分葡萄糖经糖酵解途径转化成酒精，这样就赋予了甜酒酿的甜味、酒香气和丰富的营养。但随着发酵时间延长，酵母数目增多，发酵力增强会使甜酒酿糖度下降，酒度含量提高，故适时结束发酵是保持甜酒酿口味的关键。

三、实验材料

1. 原料

糯米。

2. 酒曲

甜酒药。

3. 仪器与用具

不锈钢蒸锅、不锈钢勺、不锈钢铲、不锈钢罐或玻璃烧杯、玻璃棒、蒸笼、纱布、恒温箱等。

四、实验内容

实验操作流程：浸米→蒸饭→淋饭→接入酒曲→落缸搭窝→糖化和发酵→成品→品尝鉴定

1. 浸米

将糯米淘洗干净，置于盆中用自来水浸泡12~24h，至可以用手碾粹即可。其目的是使淀粉颗粒巨大分子链由于水化作用而展开，便于常压短时间蒸煮后能糊化透彻，不至于饭粒中心出现白心现象。

2. 蒸饭

将浸渍过的糯米沥干，倒入铺有两层湿纱布的蒸笼里，摊开，加盖旺火沸腾下蒸煮0.5~1h，或于高压锅内0.1MPa，至米饭熟透为止。水化后的淀粉颗粒由于蒸汽热度开始膨化，随温度的逐渐上升，淀粉颗粒巨大分子间的联系解体，达到糊化目的。饭蒸的要"熟而不糊"。尝一尝糯米的口感，如果饭粒偏硬，应洒些水拌一下再蒸一下。

3. 淋饭

将蒸好的糯米端离蒸锅，于室温下摊开冷却至32~35℃，或用清洁冷水淋洗蒸熟的米饭，使其降温，同时使饭粒松散。应尽量减少用水量，可用玻璃棒翻动加速冷却。其目的：一是使饭粒迅速降低品温；二是使饭粒间能立即分离，以利通气，适于糖化菌类及发酵菌类繁殖。

4. 落缸搭窝

将淋冷后的糯米饭沥去余水后置于容器中(容器使用前需清洗并沸水灭菌)，装饭量为容器的1/3~2/3。酒药用量为糯米干重的1%，将酒药粉末拌入饭中，然后将其搭成U字形窝，以便增加饭和空气的接触面积，使好气性糖化菌生长繁殖。酒药用无菌研钵捣碎，并将少量酒药撒在饭的表面，加盖或用报纸封口后保温发酵。

5. 糖化和发酵

将罐置于28~30℃恒温培养1~3d即可食用。一般培养24h以后即可观察到饭表面出现白色菌丝，同时糯米饭的黏度逐渐下降，糖化液渐渐溢出和增多。经过36~48h后，当窝内糖液达饭堆高度2/3时，进行搅拌，再发酵24h左右即可品尝食用。

6. 成品

酿制2d后的甜酒酿已初步成熟，但往往略带酸味。如在8~10℃下放置2~3d或更长时间进行后发酵，则酸味消失。

7. 品尝鉴定

酿成的甜酒酿外观应清澈、半透明、醪液充沛，具色(微米黄)、香(酯香与醇香浓郁)、味(甜味多且酸味少)、口感(杀口、爽口、柔软)。

五、实验结果

(1)发酵期间每天观察，记录发酵现象。

(2)对产品进行感官评定，写出品尝体会。

【思考题】

1. 制作甜酒酿的关键操作是什么?

2. 发酵期间为什么进行搅拌?

3. 初酿的甜酒酿往往带酸味，经低温存放后则酸味消失，并获得甘甜醇香的口味，其中的主要原因是什么?

实验46　花式面点的制作

一、实验目的

1. 了解酵母发酵制作面点的原理。
2. 掌握面点制作的方法。

二、实验原理

馒头、面包等发酵面点深受我国人民喜爱。面粉由蛋白质、碳水化合物、灰分等成分组成，酵母菌作为发酵剂，吸收面团中的养分并生长繁殖，将面粉中的碳水化合物转化为水和二氧化碳气体，使面团膨胀、松软，产生蜂窝状的组织结构，发酵使其增加了体积，并改善了它的质构和风味。盐可以增加面团中面筋的密度，增强弹性，提高面筋的筋力，还可以调节发酵速度，没有盐的面团虽然发酵速度快，但发酵极不稳定，容易发酵过度，发酵时间难以掌握；盐量多则会影响酵母的活力，使发酵速度减慢。

三、实验材料

1. 原料

酵母(鲜酵母的用量为面粉用量的3%~4%，干酵母的用量为面粉用量的1.5%~2%)、面粉、水、食盐(面粉用量的1%~2.2%)、砂糖、植物油、芝麻、牛奶、菠菜、南瓜。

2. 仪器与用具

天平、面盆、切面板、面棒、纱布、保鲜膜、刀、刷子、发酵箱、烤炉、烤盘、蒸锅、电磁炉。

四、实验内容

实验操作流程：和面→发酵→塑形→加热→品尝鉴定

1. 和面

将4.5g干酵母、3g盐与300g面粉混合，加入经计量和调温的水(或蔬菜汁、牛奶)进行搅拌，和面至面团均匀不沾手，弹性良好，延展性适度(拉伸成膜，不易破裂)。

2. 发酵

将面团放入28℃、相对湿度60%~70%的发酵箱内，发酵至面团体积增大1倍，拿出面团揉匀排气，切成块状再次醒发，蒸制面点二次醒发时间为 10~15min，烤制、油炸面点二次醒发时间为 30~40min。

3. 塑形

塑造面点造型。

4. 加热

蒸制：放入蒸锅加热 20~30min。

烤制：面团上刷糖液，撒上少许芝麻，将成型发酵的制品放入烤炉中烘烤。上火温度为 180℃，下火温度为 230℃，烘烤 18~20min。烘烤过程中注意上下火温度的调节及面包坯体积和颜色的变化，掌握好烘烤时间。

油炸：植物油在锅内烧热，放入生坯，轻加搅动，待浮起，颜色成金黄色时即可捞起。

5. 品尝鉴定

感官指标：形态完整、丰满、无黑泡或明显焦斑，形状应与品种造型相符；表面色泽为金黄色或淡棕色，色泽均匀、正常；内部组织细腻，有弹性，气孔均匀，纹理清晰，呈海绵状，切片后部断裂；具有发酵的香味，松软适口，无异味；无可见的外来异物。

五、实验结果

参考图 46-1~图 46-4。展示自己的实验结果，并分析产品优劣的原因。

图 46-1　面包

图 46-2　馒头

图 46-3　麻花

图 46-4　夹层面包

六、注意事项

(1)和面时宜少量多次添加水，避免面团过稀。

(2)发酵时间不宜过长，发酵至面团体积增大1倍即可。

(3)烤制和油炸过程要注意观察，避免烤糊、炸糊。

(4)加工前要检查原料，确保制作的面点新鲜健康。

【思考题】

1. 为什么有时面团发酵后会有酸味？
2. 制作面点的关键操作是什么？
3. 在保证质量的前提下，如何缩短面团发酵时间？

实验 47 酱油种曲中米曲霉孢子数及发芽率的测定

实验 48 啤酒酵母的扩大培养及固定化发酵技术

实验 49 酵母菌的纯培养与葡萄酒的发酵

一、实验目的

1. 了解葡萄酒的自然发酵和接种发酵过程。
2. 掌握酵母菌的分离纯化方法。

二、实验原理

葡萄酒是用新鲜的葡萄榨汁发酵后制成的酒精饮料。接种或非接种葡萄酒酵母菌。葡萄汁中的糖分主要经 EMP 途径和酒精发酵途径转化生成乙醇、二氧化碳，并伴随着甘油、高级醇、挥发酸、酯类等副产物的生成。同时，在发酵过程中，葡萄原料中的色素、单宁、有机酸、香气物质等溶入到原酒中，后经陈酿澄清，获得色泽美观、口感平衡、香气馥郁的葡萄酒产品。

在葡萄酒自然发酵过程中出现的大多数典型的酵母菌种都可以用 WL 培养基进行区分，主要基于菌落颜色及菌落形态的差异。子囊孢子的生成与形状是子囊菌分类上的重要依据。将酿酒酵母从营养丰富的培养基上转移到含有醋酸盐的 McClary 产孢培养基上，于适宜温度下培养，即可诱导其子囊孢子的形成。通过子囊孢子染色可将纯培养酵母菌的菌体和孢子区分开来。

三、实验材料

1. 菌种及样品

酿酒酵母(*Saccharomyces cerevisiae*)：可使用实验室保藏的菌种制备种子液，或者使用市售活性干酵母。

葡萄：根据实验季节，可选用酿酒葡萄或者鲜食葡萄进行实验。

2. 培养基及试剂

YEPD 培养基(附录 A83)、WL 营养琼脂培养基(附录 A84)、McClary 培养基(附录 A85)；亚硫酸钠、无菌水、孔雀石绿染液(附录 B5)、碱性复红染色液(附录 B14)、95%乙醇、香柏油、二甲苯、PBS 缓冲液等。

3. 仪器与用具

250mL 锥形瓶、500mL 锥形瓶、培养皿、纱布、玻璃棒、试管等，需灭菌；接种环、涂布器、酒精灯、精密天平、单道手动可调移液器、高温高压灭菌锅、pH 计/pH 试纸、载玻片、盖玻片、普通光学显微镜等。

四、实验内容

实验操作流程：葡萄汁自然发酵(或接种发酵)→发酵→酵母菌的分离→子囊孢子染色

1. 鲜葡萄的处理

将新鲜葡萄去除果梗、小果、青果、坏果，纱布包裹，用手将葡萄挤破(至果皮破裂即可)，放入已灭菌的锥形瓶中(容积占 70%左右，以防发酵旺盛时汁液溢出容器)。每组准备 8 瓶葡萄汁，分为 2 个平行实验组，即 4 瓶用于自然发酵，4 瓶接种酿酒酵母进行发酵。

2. 调整葡萄汁

实验课前，教师需提前对葡萄汁的还原糖含量和滴定酸度进行测定，如果指标不适宜，需在课程中做调整建议。

加入亚硫酸钠，使二氧化硫含量达到 60mg/L。

3. 接种酿酒酵母(自然发酵组不需要添加)

酿酒酵母新鲜培养液按照 5%接种量接种。

活性干酵母按照 0.25g/L 进行添加，添加前需要活化(称取酵母粉 5g，加入 50mL 5%蔗糖水溶液或者葡萄汁，28℃活化 1h)。

4. 发酵

用封瓶膜加双层报纸封口，每组取固定的 3 瓶，分别称重记录 0d 的总重。其余 1 瓶用于发酵过程中取样用。将锥形瓶放入恒温箱中，于 25℃下进行发酵。观察发酵过程：发酵早期有少量气泡上升、中期有大量气泡上升、末期无气泡上升。大约每隔 2d 观察实验过程中葡萄汁的变化情况并测定总瓶重。总瓶重的减少量为 CO_2 产生量，以 CO_2 产生量为纵坐标、时间为横坐标可绘制发酵速率曲线。分别于发酵早期、中期和末期从取样用葡萄汁中取样用于酵母菌的分离。

5. 酵母菌的分离

无菌操作取葡萄汁发酵早期、中期、末期样品各 100μL 加入到 900μL PBS 缓冲液中，进行梯度稀释，取合适稀释度的稀释液涂 WL 营养琼脂培养基平板，在培养箱内于 28℃下培养约 48h，依据菌落颜色、形态特征和出现概率，挑取有代表特征的单菌落，划线纯化培养后，拍照记录并描述其形态特征。根据 WL 平板上单菌落特征选取疑似酿酒酵母培养物，4℃保藏备用。

6. 子囊孢子染色

取 WL 平板中疑似酿酒酵母的菌落和标准酿酒酵母分别接种 McClary 固体平板，28℃下培养 3d 后，选取单菌落进行染色观察。在载玻片上滴 1 滴无菌水，用接种环挑取少量酵母菌制成涂片，干燥固定后进行染色，即：用孔雀石绿染色 1～2min；水洗后用 95%乙醇溶液脱色 30s；水洗后用碱性复红染色 1min，水洗干燥后用显微镜观察结果。子囊孢子呈绿色，菌体细胞呈红色。对比疑似酿酒酵母和标准酿酒酵母染色结果是否一致。

五、实验结果与讨论

(1)对应发酵天数，记录并讨论葡萄酒发酵过程中的实验现象，包括色泽、气味、浑浊度的变化，以及气泡产生现象等。

(2)绘制葡萄酒发酵速率曲线，需对数据进行统计分析，并在曲线上添加误差线。

(3)观察并记录 WL 平板上所分离不同酵母菌的菌落特征。

(4)观察并记录子囊孢子染色结果。

六、注意事项

(1)实验器具清洗干净、灭菌。

(2)在葡萄榨汁破碎时，要把腐烂或霉变的果粒剔除。

(3)葡萄汁自然发酵时，锥形瓶不可密封太严密。

(4)子囊孢子染色时，涂片不宜涂得太厚。

【思考题】

1. 根据葡萄酒酿造原理判断你测定的葡萄酒发酵曲线是否正常？如不正常，请分析原因。

2. 在你的实验中，是否用 WL 培养基鉴别出了酿酒酵母？纯化后进行子囊孢子染色是否成功地观察到了子囊孢子？

3. 在你的实验中是否观察到子囊孢子？显微镜视野中看到每个子囊中有多少子囊孢子？为什么？

实验50 毛霉的分离和腐乳的发酵

一、实验目的

1. 掌握霉菌的分离和纯化方法。
2. 掌握豆腐乳发酵的工艺过程。

二、实验原理

腐乳是我国独特的传统发酵食品，由豆腐发酵制成。民间老法生产豆腐乳均为自然发酵，现代酿造厂多采用蛋白酶活性高的鲁氏毛霉或根霉发酵。豆腐坯上接种毛霉，经过培养繁殖，分泌蛋白酶、淀粉酶、谷氨酰胺酶等复杂酶系，在长时间后发酵中与腌坯调料中的酶系、酵母、细菌等协同作用，使腐乳坯蛋白质缓慢水解，生成多种氨基酸，加之由微生物代谢产生的各种有机酸，与醇类作用生成酯，形成细腻、鲜香等豆腐乳特色。

自然界中，大多数样本是由多种微生物组成，从中分离出所需的特定微生物十分困难。从特定产品中分离特定微生物相对容易，本实验从腐乳中分离毛霉，首先选择合适的培养基，然后进行常规的微生物分离纯化步骤，以标准菌株为对照，通过个体和群体形态的鉴定，基本能确定所分离菌株的准确性。该方法也是发酵行业进行菌株纯化的常规方法。

三、实验材料

1. 菌种

毛霉菌种。

2. 培养基及试剂

马铃薯葡萄糖琼脂培养基（附录A4）、无菌水、豆腐坯、红曲米、面曲、甜酒酿、白酒、黄酒、食盐。

3. 仪器与用具

培养皿、500mL锥形瓶、接种针、小笼格、喷枪、小刀、带盖广口玻瓶、显微镜、恒温培养箱等。

四、实验内容

（一）毛霉的分离

实验操作流程：配制培养基→毛霉分离→观察菌落形态→显微形态镜检观察

1. 配制培养基

配制马铃薯葡萄糖琼脂培养基（PDA），灭菌后倒平板备用。

2. 毛霉分离

从长满毛霉菌丝的豆腐坯上取小块于5mL无菌水中，振摇，制成孢子悬液，用接种环取该孢子悬液在PDA平板表面作划线分离，于20℃培养1~2d，以获取单菌落。

3. 初步鉴定

菌落观察：呈白色棉絮状，菌丝发达。

显微镜检：在载玻片上加1滴石碳酸液，用解剖针从菌落边缘挑取少量菌丝于载玻片上，轻轻将菌丝体分开，加盖玻片，于显微镜下观察孢子囊、梗的着生情况。若无假根和匍匐菌丝，孢囊梗直接由菌丝长出，单生或分枝，则可初步确定为毛霉。

（二）豆腐乳的制备

实验操作流程： 毛霉菌种的扩繁→孢子悬液制备→接种→培养与晾花→装瓶与压坯→装坛发酵→质量鉴定

1. 毛霉菌种的扩繁

配制种子培养基，供孢子发芽、生长和大量繁殖菌丝体，并使菌体长得粗壮，成为活力强的“种子”。将毛霉菌种接入新鲜PDA试管斜面培养基，于25℃培养2d；将斜面菌种转接到种子培养基中，于同样温度下培养至菌丝和孢子生长旺盛，备用。

2. 孢子悬液制备

于上述500mL锥形瓶中加入无菌水200mL，用玻璃棒搅碎菌丝，用无菌双层纱布过滤，滤渣倒还锥形瓶，再加200mL无菌水洗涤1次，合并滤于第一次滤液中，装入喷枪贮液瓶中供接种使用。

3. 接种孢子

用刀将豆腐坯划成4.1cm×4.1cm×1.6cm的块，将笼格经蒸汽消毒、冷却，用孢子悬液喷洒笼格内壁，然后把划块的豆腐坯均一竖放在笼格内，块与块之间间隔2cm。再用喷枪向豆腐块上喷洒孢子悬液，使每块豆腐周身沾上孢子悬液。

4. 培养与晾花

将放有接种豆腐坯的笼格放入培养箱中，于23~25℃下培养，培养20h后，每隔6h上下层调换一次，以更换新鲜空气，并观察毛霉生长情况。待腐乳坯上毛霉呈棉花絮状，菌丝下垂，白色菌丝已包围住豆腐坯时，将笼格取出，放置于阴凉处使毛坯迅速冷却，其目的是增加酶的作用，并使霉味散发，此操作在工艺上称为晾花。

5. 装瓶与压坯

将冷至20℃以下的毛坯块上互相依连的菌丝分开，用手指轻轻在每块表面揩涂一遍，使豆腐坯上形成一层皮衣，装入玻璃瓶内，边揩涂边沿瓶壁呈同心圆方式一层一层向内侧放，摆满一层稍用手压平，撒一层食盐，每100块豆腐坯用盐约400g，使平均含盐量约为16%，如此一层层铺满瓶。下层食盐用量少，向上食盐逐层增多，腌制中盐分渗入毛坯，水分析出，为使上下层含盐均匀，腌坯3~4d时需加盐水淹没坯面，称之为压坯。腌制后期，由中心圆洞中取出盐水，放置过夜，使每块盐坯干燥收缩，以便配料发酵。

6. 装坛发酵

配料前先将缸内盐坯取出，每块搓开，装入坛内，并根据不同品种进行配料。以红腐乳为例，按每100块坯用红曲米32g、面曲28g、甜酒酿1kg的比例配制染坯红曲卤和装瓶红曲卤。先用200g甜酒酿浸泡红米和面曲2d，研磨细，再加200g甜酒酿调匀即为染坯红曲卤。将腌坯沥干，待坯块稍有收缩后，放在染坯红曲卤内，六面染红，装入经预先消毒的玻瓶中。再将剩余的红曲卤用剩余的600g甜酒酿兑稀，灌入瓶内，淹没腐乳，并加适量面盐和50度白酒，加盖密封，在常温下贮藏6个月成熟。

7. 质量鉴定

将成熟的腐乳开瓶，进行感官质量鉴定、评价。

五、实验结果

(1)从腐乳的表面及断面色泽、组织形态(块形和质地)、滋味及气味、有无杂质等方面综合评价腐乳质量。

(2)观察并记录PDA培养基上分离到的毛霉菌落特征及显微观察结果。

【思考题】

1. 腐乳生产主要采用何种微生物？
2. 腐乳发酵的原理是什么？
3. 试分析腌坯时所用食盐含量对腐乳质量有何影响？

实验51　大蒜及生姜的抑菌实验

一、实验目的

1. 掌握体外抑菌实验的原理和方法。
2. 学习滤纸片法测试大蒜及生姜抑菌活性的实验方法。

二、实验原理

大蒜是一种香辛类蔬菜，既有营养价值，又是调味增香和杀菌佳品。蒜体中含有蒜氨酸，在特有的蒜酶活化作用下，可将蒜氨酸分解为蒜素，杀灭有害细菌、真菌。

生姜是一味中药，同时也是人们喜爱的调味食品。欧洲的某些国家将生姜作为原料制成肉类食品的防腐剂。生姜中含有萜类化合物，如姜油醇、姜油酮、龙脑柠檬醛等，它们都具有较强的杀菌作用。

体外抑菌实验以扩散法最为简单便捷，包括滤纸片法、杯碟法和打孔法等几种方法，是利用抑菌物质在培养基中扩散的原理，对培养基上生长的指示菌株(敏感菌株)产生抑制作用，造成菌株不能生长或生长缓慢，产生抑菌圈。与扩散法不同的还有一种方法是稀释法，常常被用于测试抑菌物质的最低抑菌浓度(minimum inhibitory concentration，MIC)。

本实验运用滤纸片法检测大蒜及生姜提取液对大肠埃希菌和金黄色葡萄球菌的抑菌效果。该方法可以用于对抑菌物质功能的粗筛检测。

三、实验材料

1. 样品

优质生姜、大蒜。

2. 指示菌及培养基

大肠埃希菌、金黄色葡萄球菌；营养肉汤琼脂培养基(附录A1)。

3. 仪器与用具

定性滤纸、培养皿、锥形瓶、玻璃棒、试管、接种环、涂布器、酒精灯、移液枪、无菌枪头、精密天平、高温高压灭菌锅、恒温培养箱、超净台等。

四、实验内容

实验操作流程：样品准备→活化指示菌并接种→加入滤纸片→培养→观察抑菌圈→记录实验结果

1. 样品准备

样液：优质生姜洗去泥沙，大蒜剥去外膜，沸水中浸5~10s，分别放入榨汁机中进行榨汁，汁液倒入已准备好的无菌锥形瓶中，置于4℃冰箱备用。分别取大蒜汁、生姜汁、蒜姜混合液(体积比1∶1)与无菌水按1∶1的比例混合稀释。

对照：生理盐水。

2. 活化指示菌并接种

挑取指示菌单菌落接种于10mL营养肉汤培养基中，37℃培养18~24h，稀释至菌体浓度达到10^7~10^8CFU/mL，取0.1mL涂布在直径9cm的营养肉汤琼脂培养基平板上，超净台内晾干。

3. 加入样液

取无菌滤纸分别放入不同样液中浸泡5min，用无菌镊子取出浸泡过的滤纸片，稍微晾干，以避免样液逸出，再将滤纸片置于培养基表面，轻轻压平。

4. 培养

放入37℃恒温培养箱中倒置培养24h。

5. 观察、记录

观察抑菌圈的有无和大小，判断各种浓度样液对指示菌的抑制效果，结果记入表51-1。

表51-1 不同浓度抑菌剂形成的抑菌圈直径 mm

指示菌种	大蒜汁		生姜汁		蒜姜混合液	
	原汁	稀释1倍	原汁	稀释1倍	原汁	稀释1倍
大肠埃希菌						
金黄色葡萄球菌						

五、实验结果

参考图51-1、图51-2。展示结果并做必要的说明。

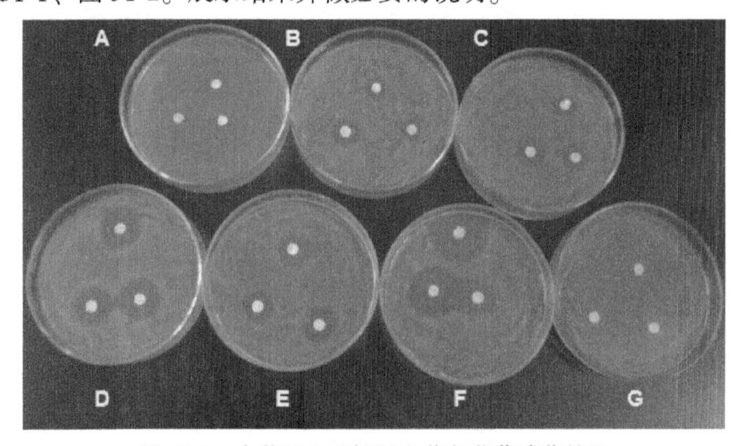

图51-1 大蒜及生姜抑制金黄色葡萄球菌效果

A. 对照 B. 大蒜原汁 C. 稀释蒜姜混合液 D. 蒜姜混合液
E. 稀释生姜 F. 生姜原汁 G. 稀释大蒜

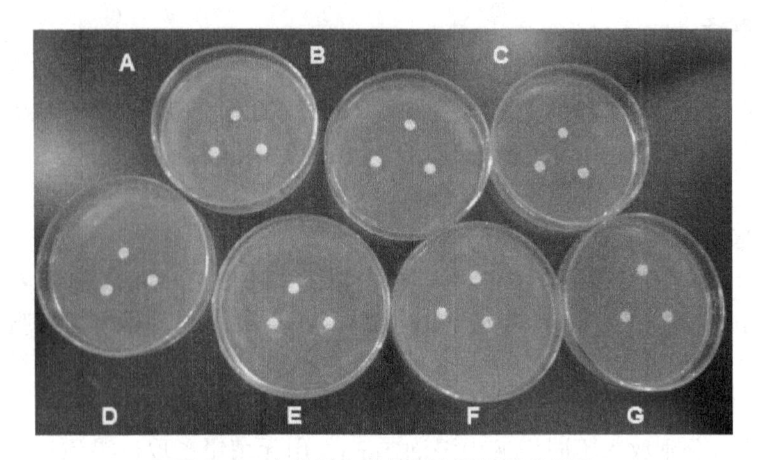

图 51-2　大蒜及生姜抑制大肠埃希菌效果

A. 对照　B. 大蒜原汁　C. 稀释蒜姜混合液　D. 蒜姜混合液
E. 稀释生姜　F. 生姜原汁　G. 稀释大蒜

六、注意事项

(1)浸满样液的滤纸片稍微晾干再移至平板，避免样液逸出。

(2)放置滤纸片时切勿在培养基上移动滤纸片。

【思考题】

1. 滤纸片法与其他方法相比较，有什么缺点？
2. 在你的实验中是否观察到抑菌圈？哪种样品对金黄色葡萄球菌抑菌效果最好？
3. 操作过程中有哪些注意事项？

实验 52　黄芪多糖的抑菌实验

参考文献

杜连祥，路福平，2006. 微生物学实验技术[M]. 北京：中国轻工业出版社.

杜鹏，2008. 乳品微生物学实验技术[M]. 北京：中国轻工业出版社.

郝林，孔庆学，方洋，2016. 食品微生物学实验技术[M]. 3版. 北京：中国农业大学出版社.

黄秀梨，辛明秀，2009. 微生物学[M]. 3版. 北京：高等教育出版社.

李平兰，2011. 食品微生物学教程[M]. 北京：中国林业出版社.

李平兰，贺稚非，2011. 食品微生物学实验原理与技术[M]. 2版. 北京：中国农业出版社.

李顺鹏，2015. 微生物学实验指导[M]. 2版. 北京：中国农业出版社.

李松涛，2005. 食品微生物学检验[M]. 北京：中国计量出版社.

凌代文，1999. 乳酸细菌分类鉴定及实验方法[M]. 北京：中国轻工业出版社.

刘慧，2017. 现代食品微生物学实验技术[M]. 2版. 北京：中国轻工业出版社.

刘国生，2007. 微生物学实验技术[M]. 北京：科学出版社.

孟祥晨，杜鹏，李艾黎，2009. 乳酸菌与乳品发酵剂[M]. 北京：科学出版社.

牛天贵，2011. 食品微生物学实验技术[M]. 2版. 北京：中国农业大学出版社.

钱存柔，黄仪秀，2008. 微生物学实验教程[M]. 2版. 北京：北京大学出版社.

沈萍，陈向东，2018. 微生物学实验[M]. 5版. 北京：高等教育出版社.

魏景超，1979. 真菌鉴定手册[M]. 上海：上海科学技术出版社.

张文治，1995. 新编食品微生物学[M]. 北京：中国轻工业出版社.

周德庆，2013. 微生物学实验教程[M]. 3版. 北京：高等教育出版社.

GB/T 4789.26—2013 食品安全国家标准　食品微生物学检验　商业无菌检验[S]. 北京：中国标准出版社.

LYNNE MCLANDSBOROUGH，2007. 食品微生物学实验指导[M]. 张柏林，等译. 北京：中国轻工业出版社.

W F HARRIGAN，2004. 食品微生物实验手册[M]. 3版. 李卫华，等译. 北京：中国轻工业出版社.

附录A　培养基

1. 营养琼脂培养基

蛋白胨 10.0g；牛肉膏 3.0g；氯化钠 5.0g；琼脂 15.0~20.0g；蒸馏水 1 000mL。

将除琼脂以外的各成分溶解于蒸馏水内，加入 15%氢氧化钠溶液约 2mL，校正 pH 值至 7.2~7.4。加入琼脂，加热煮沸，使琼脂溶化。分装锥形瓶或试管，121℃高压灭菌 15min。

注：配方添加一半琼脂就是半固体培养基，不添加琼脂即为液体培养基，以下同。

2. 麦芽汁培养基

麦芽浸膏 15.0g；蒸馏水 1 000mL。

将麦芽浸膏在蒸馏水中充分溶解，滤纸过滤，校正 pH 值至 4.5~4.9，分装，121℃灭菌 15min。

注：固体培养基加 2%琼脂。

3. 高氏Ⅰ号培养基

可溶性淀粉 20g；硝酸钾 1g；磷酸氢二钾 0.5g；硫酸镁($MgSO_4 \cdot 7H_2O$)0.5g；氯化钠 0.05g；硫酸亚铁($FeSO_4 \cdot 7H_2O$)0.01g；琼脂 20g；蒸馏水 100mL；pH 7.2~7.4。

配制时，先用少量冷水，将淀粉调成糊状，倒入少于所需水量的沸水中，在火上加热，边搅拌边依次逐一溶化其他成分，溶化后，补足水分到 1 000mL，调 pH 值，121℃灭菌 20min。

4. 马铃薯蔗糖琼脂培养基(PDA)

马铃薯(去皮切块) 300g；蔗糖 20.0g；琼脂 20.0g；氯霉素 0.1g；蒸馏水 1 000mL。

将马铃薯去皮切块，加 1 000mL 蒸馏水，煮沸 10~20min。用纱布过滤，补加蒸馏水至 1 000mL。加入葡萄糖和琼脂，加热熔化，分装后，121℃灭菌 20min。倾注平板前，用少量乙醇溶解氯霉素加入培养基中。

5. 豆芽汁葡萄糖培养基

黄豆芽 10g；葡萄糖 5g；琼脂 1.5~2g；蒸馏水 100mL；自然 pH 值。

称取新鲜黄豆芽 10g，置于烧杯中，再加入 100mL 水，小火煮沸 30min，用纱布过滤，补足失水，即制成 10%豆芽汁；之后加入葡萄糖、琼脂并补足失水。

分装、加塞、包扎，高压蒸汽 121℃灭菌 20min。

6. 糖发酵培养基(葡萄糖、乳糖、蔗糖)

(1)基础培养基　牛肉膏 5.0g；蛋白胨 10.0g；氯化钠 3.0g；磷酸氢二钠($Na_2HPO_4 \cdot 12H_2O$)2.0g；0.2%溴麝香草酚蓝溶液 12.0mL；蒸馏水 1 000mL；pH 7.2~7.6。

(2)葡萄糖发酵培养基　按 0.5%葡萄糖加入到基础培养基中，分装于有一个倒置小管的小试管内，121℃高压灭菌 15min。

(3)乳糖发酵管(包括其他糖)　基础培养基分装 100mL/瓶，121℃高压灭菌 15min。另将乳糖(或其他糖)分别配好 10%溶液，同时高压灭菌。将 5mL 糖溶液加入于 100mL 培养基内，以无菌操作分装小试管。

注：蔗糖不纯，加热后会自行水解者，应采用过滤法除菌。

7. 蛋白胨水(BP)

蛋白胨(或胰蛋白胨)20.0g；氯化钠 5.0g；蒸馏水 1 000mL；pH 7.2~7.6。

将上述成分加入蒸馏水中，煮沸溶解，调节 pH 值，分装小试管，121℃高压灭菌 15min。

8. 硫化氢实验培养基

(1)硫酸亚铁琼脂培养基

牛肉膏 3g；酵母浸膏 3g；蛋白胨 10g；硫酸亚铁 0.2g；硫代硫酸钠 0.3g；氯化钠 5g；琼脂 12g；蒸馏水 1 000mL；pH 7.4。

加热溶解，校正 pH 值，分装试管，115℃高压灭菌 15min，取出直立候其凝固。

注：肠杆菌科细菌测定硫化氢的产生，应采用三糖铁琼脂或本培养基。

(2)纸条法培养基

蛋白胨 10g；氯化钠 5g；牛肉膏 10g；半胱氨酸 0.5g；蒸馏水 1 000mL；pH 7.0~7.4。

分装试管，112℃灭菌 20~30min。另外将普通滤纸剪成 0.5~1cm 宽的纸条，长度根据试管与培养基高度而定。用 5%~10%的醋酸铅将纸条浸透，然后用烘箱烘干，放于培养皿中灭菌备用。

9. 明胶培养基

(1)明胶液化培养基

蛋白胨 5g；牛肉膏 3g；明胶 120g；蒸馏水 1 000mL；pH 6.8~7.0。

加热溶解，校正 pH7.4~7.6，分装试管，121℃高压灭菌 10min，取出后迅速冷却，使其凝固。复查最终 pH 值应为 6.8~7.0。

(2)明胶磷酸盐缓冲液培养基

明胶 2g；磷酸氢二钠 4g；蒸馏水 1 000mL；pH 6.2。

加热溶解，校正 pH 值，121℃高压灭菌 15min。

10. 柠檬酸盐培养基(西蒙氏培养基)

氯化钠 5g；硫酸镁($MgSO_4 \cdot 7H_2O$)0.2g；磷酸二氢铵 1g；磷酸氢二钾 1g；柠檬酸钠 5g；琼脂 20g；蒸馏水 1 000mL；0.2%溴麝香草酚蓝溶液 40mL；pH 6.8。

先将盐类溶解于水内，校正 pH 值，再加琼脂，加热熔化。然后加入指示剂，混合均匀后分装试管，121℃高压灭菌 15min，放成斜面。

11. 靛基质培养基(吲哚试剂)

(1)柯凡克试剂　将 5g 对二甲氨基甲醛溶解于 75mL 戊醇中，然后缓慢加入浓盐酸 25mL。

(2)欧-波试剂　将 1g 对二甲氨基苯甲醛溶解于 95mL 95%乙醇内。然后缓慢加入浓盐酸 20mL。

加入柯凡克试剂约 0.5mL，轻摇试管，阳性者于试剂层呈深红色；或加入欧-波试剂约 0.5mL，沿管壁流下，覆盖于培养液表面，阳性者于液面接触处呈玫瑰红色。

12. 缓冲葡萄糖蛋白胨水培养基(MR 和 V-P 实验用)

磷酸氢二钾 5g；多胨 7g；葡萄糖 5g；蒸馏水 1 000mL；pH 7.0。

溶化后校正 pH 值，分装试管，121℃高压灭菌 15min。

13. 尿素培养基

蛋白胨 1.0g；氯化钠 5.0g；葡萄糖 1.0g；磷酸二氢钾 2.0g；0.4%酚红 3.0mL；琼脂 20.0g；蒸馏水 1 000mL；20%尿素溶液 100mL；pH 7.0~7.4。

除尿素、琼脂和酚红外，将其他成分加入 400mL 蒸馏水中，煮沸溶解，调节 pH 值。另将琼脂加入 600mL 蒸馏水中，煮沸溶解。

将上述两溶液混合均匀后，再加入酚红后分装，121℃高压灭菌 15min。冷至 50~55℃，加入经除菌过滤的尿素溶液。尿素的最终浓度为 2%。分装于无菌试管内，放成斜面备用。

14. MRS 培养基(培养乳酸菌)

蛋白胨 10g；牛肉膏 10g；酵母粉 5g；磷酸氢二钾 2g；柠檬酸二铵 2g；乙酸钠 5g；葡萄糖 20g；吐温-80 1mL；硫酸镁($MgSO_4 \cdot 7H_2O$)0.58g；硫酸锰($MnSO_4 \cdot 4H_2O$)0.25g；蒸馏水 1 000mL。固体

培养基添加琼脂粉 15~20g，调 pH 值至 6.2~6.4，0.06MPa 灭菌 30min。

15. 淀粉培养基

牛肉膏 5g；蛋白胨 10g；氯化钠 5g；可溶性淀粉 2g；琼脂 15~20g；蒸馏水1 000mL。

121℃灭菌 20min 备用。

16. 3%氯化钠胰蛋白胨大豆琼脂培养基(TSA)

胰蛋白胨 15g；大豆蛋白胨 5g；氯化钠 30g；琼脂约 13g；蒸馏水 1 000mL；pH 7.1~7.5。

按量将各成分溶解，加热使完全溶解，调 pH 值，121℃灭菌 15min。

17. 沙氏葡萄糖琼脂培养基

蛋白胨 10g；葡萄糖 40g；琼脂 15g；蒸馏水 1 000mL。

加热煮沸，分装，校正 pH 值至 5.4~5.8，121℃高压灭菌 15min。

18. 平板计数培养基(PCA)

胰蛋白胨 5.0g；酵母浸粉 2.5g；葡萄糖 1.0g；琼脂 15.0g；蒸馏水 1 000mL；pH 6.8~7.2。

将上述成分加蒸馏水煮沸溶解，补足水分，调节 pH 值。121℃高压灭菌 15min。

19. 马丁(Martin)孟加拉红-链霉素琼脂培养基

葡萄糖 10.0g；蛋白胨 5.0g；磷酸二氢钾 1.0g；硫酸镁 0.5g；孟加拉红 33.4g；琼脂 20g；蒸馏水 1 000mL；pH 5.5~5.7。

以上各成分溶解、调 pH 值、分装，于 121℃高压灭菌 20min。倒平板前按每 10mL 培养基加 1mL 0.03%链霉素溶液(含链霉素 30 μg/mL)。

20. 伊红美蓝琼脂培养基(EMB)

蛋白胨 10g；乳糖 10g；磷酸氢二钾 2g；琼脂 17g；2%伊红 Y 溶液 20mL；0.65%美蓝(即亚甲蓝、亚甲基蓝)溶液 10mL；蒸馏水 1 000mL；pH 7.1。

将蛋白胨、磷酸盐和琼脂溶解于蒸馏水中，校正 pH 值，分装于烧瓶内，121℃高压灭菌 15min 备用。临用时加入乳糖并加热熔化琼脂，冷至 50~55℃，加入伊红和美蓝溶液，摇匀，倾注平板。

21. 月桂基硫酸盐胰蛋白胨肉汤培养基(LST)

胰蛋白胨或胰酪胨(Tryticase)20g；氯化钠 5.0g；乳糖 5.0g；磷酸氢二钾 2.75g；磷酸二氢钾 2.75g；月桂基硫酸钠 0.1g；蒸馏水 1 000mL。

将各成分溶解于蒸馏水中，分装到有倒立发酵管的 20mm×150mm 试管中，每管 10mL，121℃高压灭菌 15min，最终 pH 6.8~7.2。

22. 煌绿乳糖胆盐肉汤培养基(BGLB)

蛋白胨 10.0g；乳糖 10.0g；牛胆粉溶液 200.0mL；0.1%煌绿水溶液 13.3mL；蒸馏水 1 000mL；pH 7.2~7.6。

将蛋白胨、乳糖溶解于 500mL 蒸馏水中，加入牛胆粉溶液 200.0mL(将 20.0g 脱水牛胆粉溶于 200mL 的蒸馏水中)用蒸馏水稀释到 975mL，调节 pH 值至 7.4，再加入 0.1%煌绿水溶液 13.3mL，用蒸馏水补足到 1 000mL。分装到有玻璃小导管的试管中，每管 10mL，121℃高压灭菌 15min。

23. 结晶紫中性红胆盐琼脂培养基(VRBA)

酵母提取物 3.0g；蛋白胨 7.0g；氯化钠 5.0g；3 号胆盐 1.5g；乳糖 10.0g；中性红 0.03g；结晶紫 0.002g；琼脂 15~18g；蒸馏水 1 000mL。

将各成分加入蒸馏水中(染料配成 1%的水溶液过滤后加入)，加热煮沸，调节 pH 值至 7.3~7.5。冷却至 45℃倒入灭菌平皿，置 2~8℃保藏，4 周内使用。

24. 溴甲酚紫葡萄糖肉汤培养基

蛋白胨 10.0g；葡萄糖 5.0g；2%溴甲酚紫乙醇溶液 0.6mL；琼脂 4.0g；蒸馏水 1 000mL。

在蒸馏水中加入蛋白胨、葡萄糖、琼脂，加热搅拌至完全溶解，调节 pH 值至 7.0~7.4，然后再加入溴甲酚紫乙醇溶液，混匀后，115℃高压灭菌 30min。

25. 庖肉培养基

牛肉浸液 1 000mL；蛋白胨 30g；酵母浸膏 5g；磷酸二氢钠 5g；葡萄糖 3g；可溶性淀粉 2g；碎肉渣适量；pH 7.8。

称取新鲜除脂肪和筋膜的牛肉 500g，加蒸馏水 1 000mL 和 1mol/L 氢氧化钠溶液 25mL，搅拌煮沸 15min，充分冷却，除去表层脂肪，澄清，过滤，加水补足至 1 000mL。加入除碎肉渣外的各种成分，校正 pH 值。

26. 酸性肉汤培养基

多价蛋白胨 5.0g；酵母浸膏 5.0g；葡萄糖 5.0g；磷酸二氢钾 5.0g；蒸馏水 1 000mL。

加热搅拌溶解，校正 pH 值至 4.8~5.2，121℃高压灭菌 15min。

27. 小牛肝琼脂培养基(不带蛋黄)

浸液用的肝 50g；制取浸液用的小牛肉 500g；脲蛋白胨 20g；新蛋白胨 1.3g；胰蛋白胨 1.3g；葡萄糖 5g；可溶性淀粉 10g；等离子酪蛋白 2.0g；氯化钠 5.0g；硝酸钠 2.0g；明胶 20.0g；琼脂 15.0g；蒸馏水 1 000mL；pH 7.1~7.5。

在蒸馏水中将各成分混合，于 121℃灭菌 15min。

28. 孟加拉红培养基

蛋白胨 5g；葡萄糖 5g；磷酸二氢钾 10g；硫酸镁 1g；琼脂 20g；1/3 000 孟加拉红溶液 100mL；蒸馏水 1 000mL；氯霉素 0.1g。

29. 高盐察氏培养基

硝酸钠 2g；磷酸二氢钾 1g；硫酸镁 0.5g；氯化钾 0.5g；硫酸亚铁 0.01g；氯化钠 60g；蔗糖 30g；琼脂 20g；蒸馏水 1 000mL。

115℃灭菌 30min。

30. 7.5%氯化钠肉汤培养基

蛋白胨 10.0g；牛肉膏 5.0g；氯化钠 75g；蒸馏水 1 000mL；pH 7.4。

将上述成分加热溶解，调节 pH 值，分装，每瓶 225mL，121℃高压灭菌 15min。

31. 10%氯化钠胰酪胨大豆肉汤培养基

胰酪胨(或胰蛋白胨)17.0g；植物蛋白胨(或大豆蛋白胨)3.0g；氯化钠 100.0g；磷酸氢二钾 2.5g；丙酮酸钠 10.0g；葡萄糖 2.5g；蒸馏水 1 000mL；pH 7.0~7.4。

将上述成分混合，加热，轻轻搅拌并溶解，调节 pH 值，分装，每瓶 225mL，121℃高压灭菌 15min。

32. Baird-Parker 平板培养基

(1)胰蛋白胨 10.0g；牛肉膏 5.0g；酵母膏 1.0g；丙酮酸钠 10.0g；甘氨酸 12.0g；氯化锂($LiCl \cdot 6H_2O$)5.0g；琼脂 20.0g；蒸馏水 950mL；pH 6.8~7.2。

(2)30%卵黄盐水 50mL 与经过除菌过滤的 1%亚碲酸钾溶液 10mL 混合，保存于冰箱内。

将各成分加到蒸馏水中，加热煮沸至完全溶解，调节 pH 值。分装每瓶 95mL，121℃高压灭菌 15min。临用时加热熔化琼脂，冷至 50℃，每 95mL 加入预热至 50℃的卵黄亚碲酸钾增菌剂 5mL，摇匀后倾注平板。培养基应是致密不透明的。使用前在冰箱贮存不得超过 48h。

33. 血平板培养基

豆粉琼脂(pH 7.4~7.6) 100mL；脱纤维羊血(或兔血) 5~10mL。

加热熔化琼脂，冷却至 50℃，以无菌操作加入脱纤维羊血，摇匀，倾注平板。

34. 脑心浸出液肉汤培养基(BHI，用于细菌的增菌培养)

胰蛋白质胨 10.0g；氯化钠 5.0g；磷酸氢二钠($Na_2HPO_4 \cdot 12H_2O$)2.5g；葡萄糖 2.0g；牛心浸出液 500mL；pH 7.2~7.6。

加热溶解，调节 pH 值，分装试管，每管 5mL，置 121℃灭菌 15min。

35. 缓冲蛋白胨水(BPW)培养基

蛋白胨 10.0g；氯化钠 5.0g；磷酸氢二钠($Na_2HPO_4 \cdot 12H_2O$)9.0g；磷酸二氢钾 1.5g；蒸馏水 1 000mL；pH 7.0~7.4。

将各成分加入蒸馏水中，搅混均匀，静置约 10min，煮沸溶解，调节 pH 值，高压灭菌 121℃、15min。

36. 四硫黄酸钠煌绿增菌液(TTB)

(1)基础液　蛋白胨 10.0g；牛肉膏 5.0g；氯化钠 3.0g；碳酸钙 45.0g；蒸馏水 1 000mL；pH 6.8~7.2。除碳酸钙外，将各成分加入蒸馏水中，煮沸溶解，再加入碳酸钙，调节 pH 值，高压灭菌 121℃、20min。

(2)硫代硫酸钠溶液　硫代硫酸钠($Na_2S_2O_3 \cdot 5H_2O$)50.0g；蒸馏水加至 100mL。高压灭菌 121℃、20min。

(3)碘溶液　碘片 20.0g；碘化钾 25.0g；蒸馏水加至 100mL。将碘化钾充分溶解于少量的蒸馏水中，再投入碘片，振摇玻瓶至碘片全部溶解为止，然后加蒸馏水至规定的总量，贮存于棕色瓶内，塞紧瓶盖备用。

(4)0.5%煌绿水溶液　煌绿 0.5g；蒸馏水 100mL。溶解后，存放暗处，不少于 1d，使其自然灭菌。

(5)牛胆盐溶液　牛胆盐 10.0g；蒸馏水 100mL。加热煮沸至完全溶解，高压灭菌 121℃、20min。

(6)制法　基础液 900mL；硫代硫酸钠溶液 100mL；碘溶液 20.0mL；煌绿水溶液 2.0mL；牛胆盐溶液 50.0mL。临用前，按上列顺序，以无菌操作依次加入基础液中，每加入一种成分，均应摇匀后再加入另一种成分。

37. 亚硒酸盐胱氨酸增菌液(SC)

蛋白胨 5.0g；乳糖 4.0g；磷酸氢二钠 10.0g；亚硒酸氢钠 4.0g；L-胱氨酸 0.01g；蒸馏水 1 000mL；pH6.8~7.2。

除亚硒酸氢钠和 L-胱氨酸外，将各成分加入蒸馏水中，煮沸溶解，冷至 55℃以下，以无菌操作加入亚硒酸氢钠和 1g/L L-胱氨酸溶液 10mL(称取 0.1g L-胱氨酸，加 1mol/L 氢氧化钠溶液 15mL，使溶解，再加无菌蒸馏水至 100mL 即成，如为 DL-胱氨酸，用量应加倍)。摇匀，调节 pH 值。

38. 亚硫酸铋琼脂培养基(BS)

蛋白胨 10.0g；牛肉膏 5.0g；葡萄糖 5.0g；硫酸亚铁 0.3g；磷酸氢二钠 4.0g；煌绿 0.025g 或 5.0g/L 水溶液 5.0mL；柠檬酸铋铵 2.0g；亚硫酸钠 6.0g；琼脂 18.0~20g；蒸馏水 1 000mL；pH 7.3~7.7。

(1)制作基础液　将前 3 种成分加入 300mL 蒸馏水。

(2)硫酸亚铁和磷酸氢二钠分别加入 20mL 和 30mL 蒸馏水中；柠檬酸铋铵和亚硫酸钠分别加入另一 20mL 和 30mL 蒸馏水中；琼脂加入 600mL 蒸馏水中。然后分别搅拌均匀，煮沸溶解。冷至 80℃左右时，先将硫酸亚铁和磷酸氢二钠混匀，倒入基础液中，混匀。将柠檬酸铋铵和亚硫酸钠混匀，倒入基础液中，再混匀。调节 pH 值，随即倾入琼脂液中，混合均匀，冷至 50~55℃。加入煌绿溶液，充分混匀后立即倾注平皿。

注：本培养基不需要高压灭菌，在制备过程中不宜过分加热，避免降低其选择性，贮于室温暗处，超过 48h 会降低其选择性，本培养基宜于当天制备，第二天使用。

39. HE 琼脂培养基(Hektoen Enteric Agar)

(1)蛋白胨 12.0g；牛肉膏 3.0g；乳糖 12.0g；蔗糖 12.0g；水杨素 2.0g；胆盐 20.0g；氯化钠 5.0g(基础液)；琼脂 18.0~20.0g；蒸馏水 1 000mL；0.4%溴麝香草酚蓝溶液 16.0mL。

(2)Andrade 指示剂 20.0mL

①甲液：硫代硫酸钠 34.0g；柠檬酸铁铵 4.0g；蒸馏水 100mL。

②乙液：去氧胆酸钠 10.0g；蒸馏水 100mL。

取甲液 20.0mL，乙液 20.0mL 混合，pH 7.3~7.7。

③Andrade 指示剂：酸性复红 0.5g；1mol/L 氢氧化钠溶液 16.0mL；蒸馏水 100mL。将复红溶解于蒸馏水中，加入氢氧化钠溶液。数小时后如复红褪色不全，再加氢氧化钠溶液 1~2mL。

(3)将前面 7 种成分溶解于 400mL 蒸馏水内作为基础液，将琼脂加入 600mL 蒸馏水内。然后分别搅拌均匀，煮沸溶解。加入甲液和乙液于基础液内，调节 pH 值。再加入指示剂，并与琼脂液合并，待冷至 50~55℃倾注平皿。

注：本培养基不需要高压灭菌，在制备过程中不宜过分加热，避免降低其选择性。

40. 木糖赖氨酸脱氧胆盐琼脂培养基(XLD)

酵母膏 3.0g；L-赖氨酸 5.0g；木糖 3.75g；乳糖 7.5g；蔗糖 7.5g；去氧胆酸钠 2.5g；柠檬酸铁铵 0.8g；硫代硫酸钠 6.8g；氯化钠 5.0g；琼脂 15.0g；酚红 0.08g；蒸馏水 1 000mL；pH 7.2~7.6。

除酚红和琼脂外，将其他成分加入 400mL 蒸馏水中，煮沸溶解，调节 pH 值。另将琼脂加入 600mL 蒸馏水中，煮沸溶解。将上述两溶液混合均匀后，再加入指示剂，待冷至 50~55℃倾注平皿。

注：本培养基不需要高压灭菌，在制备过程中不宜过分加热，避免降低其选择性，贮于室温暗处。本培养基宜于当天制备，第二天使用。

41. 三糖铁琼脂培养基(TSI)

蛋白胨 20.0g；牛肉膏 5.0g；乳糖 10.0g；蔗糖 10.0g；葡萄糖 1.0g；硫酸亚铁铵(含 6 个结晶水)0.2g；酚红 0.025g 或 5.0g/L 溶液 5.0mL；氯化钠 5.0g；硫代硫酸钠 0.2g；琼脂 12.0g；蒸馏水 1 000mL ；pH 7.2~7.6 。

除酚红和琼脂外，将其他成分加入 400mL 蒸馏水中，煮沸溶解，调节 pH 值。另将琼脂加入 600mL 蒸馏水中，煮沸溶解。将上述两溶液混合均匀后，再加入指示剂，混匀，分装试管，每管 2~4mL，高压灭菌 121℃、10min 或 115℃、15min，灭菌后置成高层斜面，呈橘红色。调整盐(NaCl)浓度，可以配置低盐、中盐、高盐浓度的 TSI 培养基。

42. 葡萄糖铵琼脂培养基

氯化钠 5g；硫酸镁 0.2g；磷酸二氢铵 1g；磷酸氢二钾 1g；葡萄糖 2g；琼脂 20g；蒸馏水 1 000mL；0.2%溴麝香草酚蓝溶液 40mL；pH 6.8。

先将盐类和糖溶解于水内，校正 pH 值，再加琼脂，加热熔化，然后加入指示剂，混合均匀后分装试管，121℃高压灭菌 15min，放成斜面。

43. 氰化钾培养基(KCN)

蛋白胨 10.0g；氯化钠 5.0g；磷酸二氢钾 0.225g；磷酸氢二钠 5.64g；蒸馏水 1 000mL；0.5%氰化钾 20.0mL。

将除氰化钾以外的成分加入蒸馏水中，煮沸溶解，分装后 121℃高压灭菌 15min。放在冰箱内使其充分冷却。每 100mL 培养基加入 0.5%氰化钾溶液 2.0mL(最后浓度为 1∶10 000)，分装于无菌试管内，每管约 4mL，立刻用无菌橡皮塞塞紧，放在 4℃冰箱内，至少可保存 2 个月。同时，将不加氰化钾的培养基作为对照培养基，分装试管备用。

注：氰化钾是剧毒药，使用时应小心，切勿沾染，以免中毒。夏天分装培养基应在冰箱内进行。

实验失败的主要原因是封口不严，氰化钾逐渐分解，产生氢氰酸气体逸出，以致药物浓度降低，细菌生长，因而造成假阳性反应。实验时对每一环节都要特别注意。

44. 氨基酸脱羧酶实验培养基

(1)赖氨酸脱羧酶实验培养基　蛋白胨 5.0g；酵母浸膏 3.0g；葡萄糖 1.0g；蒸馏水 1 000mL；1.6%溴甲酚紫-乙醇溶液 1.0mL；L-赖氨酸或 DL-赖氨酸 0.5g/100mL 或 1.0g/100mL；pH 6.6~7.0。

除赖氨酸以外的成分加热溶解后，分装每瓶 100mL，分别加入赖氨酸。L-赖氨酸按 0.5%加入，DL-赖氨酸按 1%加入。调节 pH 值。对照培养基不加赖氨酸。分装于无菌的小试管内，每管 0.5mL，上面滴加一层液体石蜡，115℃高压灭菌 10min。

(2)鸟氨酸脱羧酶实验培养基　将(1)中赖氨酸替换为鸟氨酸即可。

(3)精氨酸双水解酶实验培养基　将(1)中赖氨酸替换为精氨酸即可。

结果判定：氨基酸反应阳性者，培养基为紫色，阴性为黄色。

45. 邻硝基酚β-D半乳糖苷培养基(*O*-Nitrophenyl-β-D-galactopyranoside，ONPG)

邻硝基酚β-D半乳糖苷(ONPG)60.0mg；0.01mol/L 磷酸钠缓冲液(pH 7.5)10.0mL；1%蛋白胨水(pH 7.5)30.0mL。

将 ONPG 溶于缓冲液内，加入蛋白胨水，以过滤法除菌，分装于无菌的小试管内，每管 0.5mL，用橡皮塞塞紧。

46. 丙二酸钠培养基

酵母浸膏 1.0g；硫酸铵 2.0g；磷酸氢二钾 0.6g；磷酸二氢钾 0.4g；氯化钠 2.0g；丙二酸钠 3.0g；0.2%溴麝香草酚蓝溶液 12.0mL；蒸馏水 1 000mL；pH 6.6~7.0。

除指示剂以外的成分溶解于水，调节 pH 值，再加入指示剂，分装试管，121℃高压灭菌 15min。

47. 半固体琼脂培养基

牛肉膏 0.3g；蛋白胨 1.0g；氯化钠 0.5g；琼脂 0.35~0.4g；蒸馏水 100mL；pH 7.2~7.6。

按以上成分配好，煮沸溶解，调节 pH 值。分装小试管。121℃高压灭菌 15min。直立凝固备用。

注：供动力观察、菌种保存、H 抗原位相变异实验等用。

48. 甘露醇卵黄多黏菌素琼脂培养基(MYP)

蛋白胨 10g；牛肉膏 1g；甘露醇 10g；氯化钠 10g；琼脂 15g；蒸馏水 1 000mL；0.2%酚红溶液 13mL；50%卵黄液 50mL；多黏菌素 B 100IU/mL；pH 7.4。

将前面 5 种成分加入蒸馏水中，加热溶解，校正 pH 值，加入酚红溶液。分装烧瓶，每瓶 100mL，121℃高压灭菌 15min。临用时加热熔化琼脂，冷至 50℃，每瓶加入 50%卵黄液 5mL 及多黏菌素 B 100IU/mL，混匀后倾注平板。

注：①50%卵黄液：取鲜鸡蛋，用硬刷将蛋壳彻底洗净，沥干，放于 70%乙醇溶液中浸泡 1h。以无菌操作取出卵黄，加入等量灭菌生理盐水，混匀后备用。②多黏菌素 B 溶液：在 50mL 灭菌蒸馏水中溶解 500 000IU 的无菌硫酸盐多黏菌素 B。

49. 胰酪胨大豆多黏菌素肉汤培养基

胰酪胨 17.0g；植物胨 3.0g；氯化钠 5.0g；磷酸氢二钾 2.5g；葡萄糖 2.5g；蒸馏水稀释至 1 000mL；pH 7.2~7.6。

将上述各成分溶解在蒸馏水中，煮沸 2min，分装大试管，每管 15mL。121℃高压灭菌 15min。临用时每管加入 0.5%多黏菌素 B 溶液 0.1mL 混匀即可。

注：多黏菌素 B 溶液：在 33.3mL 灭菌蒸馏水中溶解 500 000IU 无菌硫酸盐多黏菌素 B。

50. 酚红葡萄糖肉汤培养基

胨胨 10.0g；牛肉膏 1.0g；氯化钠 5.0g；葡萄糖 5.0g；酚红 0.018g(配成溶液加入)；蒸馏水

1 000mL；pH 7.3~7.5。

将除酚红外的各成分溶解于蒸馏水并稀释至1 000mL。校正pH值后加入酚红溶液，混匀，分装试管，每管3mL。121℃高压灭菌10min备用。

51. 硝酸盐肉汤培养基

牛肉膏3.0g；蛋白胨5.0g；硝酸钾1.0g；蒸馏水1 000mL；pH 6.9~7.1。

将上述各成分溶解于蒸馏水并稀释至1 000mL。校正pH值后分装试管，每管5mL。121℃高压灭菌15min。

52. L-酪氨酸营养琼脂培养基

营养琼脂100mL；5%灭菌L-酪氨酸悬液10mL。

将100mL营养琼脂熔化，冷至45℃，加入5%的灭菌L-酪氨酸悬液10mL，充分混匀后，分装试管，每管3.5mL。制成的斜面应迅速冷却防止L-酪氨酸分离而出。

注：L-酪氨酸悬液：将0.5g酪氨酸加10mL蒸馏水混匀，121℃高压灭菌15min。

53. 溶菌酶营养肉汤培养基

牛肉膏3.0g；蛋白胨5.0g；蒸馏水1 000mL；0.1%溶菌酶溶液10.0mL；pH 6.8~7.0。

将上述成分(溶菌酶溶液除外)溶解于蒸馏水并稀释至1 000mL。校正pH后，分装于烧瓶中，每瓶99mL。121℃高压灭菌15min。于每瓶中加入0.1%溶菌酶溶液1mL，混匀后分装灭菌试管，每管2.5mL。

注：溶菌酶溶液：在65mL灭菌的0.1mol/L盐酸中加0.1g溶菌酶，煮沸20mm溶解后，再用灭菌的0.1mol/L盐酸稀释至100mL。

54. 改良V-P培养基

胨蛋白胨7.0g；葡萄糖5.0g；氯化钠5.0g；pH 6.4~6.6。

将上述各成分溶解于蒸馏水并稀释至1 000mL。校正pH值后分装试管，每管5mL。121℃高压灭菌10min，备用。

55. 动力培养基

胰酪胨10.0g；酵母膏2.5g；葡萄糖5.0g；磷酸氢二钠2.5g；琼脂3.0g；蒸馏水1 000mL；pH 7.2~7.6。

将上述各成分溶解于蒸馏水加热溶解并稀释至1 000mL。校正pH值后，分装试管，每管2mL。121℃高压灭菌10min，备用。

56. 胰酪胨大豆羊血琼脂培养基(TSSB)

胰酪胨15.0g；植物胨5.0g；氯化钠5.0g；琼脂15.0g；蒸馏水1 000mL；pH 6.8~7.2。

将上述各成分于蒸馏水中加热溶解。校正pH值后，分装烧瓶，每瓶100mL。121℃高压灭菌15min。水浴中冷至45~50℃加入5mL无菌脱纤维羊血，混匀后倾注平板，每皿18~20mL。

注：普通羊血琼脂加10g蛋白胨，3g牛肉膏替代胰酪胨和植物胨，其他同。

57. 3%氯化钠碱性蛋白胨水培养基(APW)

蛋白胨10g；氯化钠30g；蒸馏水1 000mL；pH 8.3~8.7。

将上述成分混合，121℃高压灭菌10min。

58. 硫代硫酸盐-柠檬酸盐-胆盐-蔗糖琼脂培养基(TCBS)

酵母浸膏5.0g；蛋白胨10.0g；氯化钠10.0g；柠檬酸钠10.0g；硫代硫酸钠10.0g；胆酸钠(以牛胆酸钠代替)3.0g；牛胆汁粉(以混合胆盐代替)5.0g；蔗糖20.0g；柠檬酸铁1.0g；琼脂18.0g；溴麝香草酚蓝0.04g；麝香草酚蓝0.04g；蒸馏水1 000mL。

除指示剂外，将各种成分加热溶解，调至pH 8.6，加入指示剂。此培养基不必高压灭菌，煮沸

1~2min，待培养基稍凉后倾注平板。在该平板上，溶藻胶弧菌为黄色菌落，而副溶血性弧菌为蓝绿色菌落。肠球菌、变形菌及大肠菌群有时也会生长，但其菌落一般较小，易与副溶血性弧菌区别。

59. 嗜盐性实验培养基(TB)

胰蛋白胨 10.0g；酵母浸膏 3.0g；氯化钠按不同量加入；蒸馏水 1 000mL；pH 7.5。

配置胰蛋白胨水，使氯化钠成 0、30g/L、70g/L、100g/L 不同浓度。校正 pH 值，121℃高压灭菌 15min，在无菌条件下分装。

60. 0.6% 酵母浸膏的胰酪胨大豆肉汤培养基(TSB-YE)

胰酪胨(或胰蛋白胨)17g；植物蛋白胨(或大豆蛋白胨)3g；氯化钠 5g；磷酸氢二钾 2.5g；葡萄糖 2.5g；酵母膏 6g；蒸馏水 1 000mL。

将上述成分混合，加热并轻轻搅拌溶液，调 pH 值至 7.2~7.4。分装后 121℃高压灭菌 15min。最终 pH 7.1~7.5。

注：加琼脂 15g 即制成含 0.6 %酵母浸膏的胰酪胨大豆琼脂。

61. 李氏增菌肉汤 LB 培养基(LB_1、LB_2)

胰胨 5.0g；多价胨 5.0g；酵母膏 5.0g；氯化钠 20.0g；磷酸二氢钾 1.4g；磷酸氢二钠 12.0g；七叶苷 1.0g；蒸馏水 1 000mL。

将上述成分加热溶解，调 pH 值至 7.2~7.4，分装，121℃高压灭菌 15min，备用。

(1)李氏Ⅰ液(LB_1)　225mL 中加入：1%萘啶酮酸(用 0.05mol/L 氢氧化钠溶液配制) 0.5mL，1%吖啶黄(用无菌蒸馏水配制) 0.3mL。

(2)李氏Ⅱ液(LB_2)　200mL 中加入：1%萘啶酮酸 0.4mL，1%吖啶黄 0.5mL。

62. PALCAM 琼脂培养基

(1)基础培养基　酵母膏 8.0g；葡萄糖 0.5g；七叶苷 0.8g；檬酸铁铵 0.5g；甘露醇 10.0g；酚红 0.1g；氯化锂 15.0g；酪蛋白胰酶消化物 10.0g；心胰酶消化物 3.0g；玉米淀粉 1.0g；肉胃酶消化物 5.0g；氯化钠 5.0g；琼脂 15.0g；蒸馏水 1 000mL。

将上述成分加热溶解，调 pH 值至 7.2~7.4，分装，121℃高压灭菌 15min，备用。

(2)PALCAM 选择性添加剂　多黏菌素 B 5.0mg；盐酸吖啶黄 2.5mg；头孢他啶 10.0mg；无菌蒸馏水 500mL。

将 PALCAM 基础培养基熔化后冷却到 50℃，加入 2mL PALCAM 选择性添加剂，混匀后倾倒在无菌的平皿中备用。

63. SIM 动力培养基

胰胨 20.0g；多价胨 6.0g；硫酸铁铵 0.2g；硫代硫酸钠 0.2g；琼脂 3.5g；蒸馏水 1 000mL；pH 7.2。

将上述各成分加热混匀，调节 pH，分装小试管，121℃高压灭菌 15min，备用。

64. 改良月桂基硫酸盐胰蛋白胨肉汤-万古霉素培养基(mLST-Vm)

氯化钠 34.0g；胰蛋白胨 20.0g；乳糖 5.0g；磷酸二氢钾 2.75g；磷酸氢二钾 2.75g；十二烷基硫酸钠 0.1g；蒸馏水 1 000mL；pH 6.6~7.0。

加热搅拌至溶解，调节 pH 值。分装每管 10mL，121℃高压灭菌 15min。用时加入万古霉素溶液 0.1mgL，混合液中万古霉素的终浓度为 10μg/mL。

注：mLS-Vm 必须在 24h 之内使用。

65. 假单胞菌选择培养基(PSA)

(1)基础成分　多价胨 16g；水解酪蛋白 10g；硫酸钾 10g；氯化镁 1.4g；琼脂 11g；甘油 10mL；蒸馏水 1 000mL；pH 6.9~7.3。

（2）CFC 选择添加物　溴化十六烷基三甲胺 10mg/L；梭链孢酸钠 10mg/L；头孢菌素 50mg/L。

先将基础成分加热煮沸使之完全溶解，121℃灭菌 15min，冷却到 50℃备用。当基础培养基冷却到 50℃后加入溶解后过滤除菌的 CFC 补充物，完全混合后倒平板备用。

66. 葡萄糖氧化发酵培养基（O/F，HLGB）

蛋白胨 2.0g；酵母浸膏 0.5g；氯化钠 30.0g；葡萄糖 10.0g；溴甲酚紫 0.015g；琼脂 3.0g；蒸馏水 1 000mL。

将各成分（除溴甲酚紫外）加于蒸馏水中加热溶解，调至 pH7.4，加入溴甲酚紫，混匀，分装，121℃高压灭菌 15min。

注：本培养基用于鉴别革兰阴性细菌对于葡萄糖的发酵型和氧化型代谢作用。

67. STAA 琼脂培养基

蛋白胨 20.0g；酵母提出物 2.0g；磷酸氢二钾 1.0g；硫酸镁 1.0g；甘油 15mL；琼脂 13.0g；乙酸铊 50mg；链霉素-硫酸盐 500mg；环己酰亚胺 50mg；蒸馏水 1 000mL；pH 6.8~7.2。

除乙酸铊、链霉素-硫酸盐、环己酰亚胺外，其余缓慢加热使其完全溶解；121℃下灭菌 15min。冷却到 50℃后，在无菌条件下加入上述 3 种物质的过滤除菌水溶液。

68. 卵黄琼脂培养基

基础培养基：肉浸液 1 000mL；蛋白胨 15g；氯化钠 5g；琼脂 25~30g；pH 7.5。

50%葡萄糖水溶液。

50%卵黄盐水溶液。

基础培养基分装每瓶 100mL，121℃高压灭菌 15min，临用时加热熔化，冷至 50℃，每瓶内加 50%葡萄糖水溶液 2mL 和 50%卵黄盐水悬液 10~15mL，摇匀，倾注平板。

69. 底层培养基（用于致突变实验）

葡萄糖 20g；柠檬酸（$C_6H_8O_7 \cdot H_2O$）2g；磷酸氢二钾 3.5g；硫酸镁（$MgSO_4 \cdot 7H_2O$）0.2g；琼脂粉 12g；蒸馏水 1 000mL；pH 7.0。

加热溶解，调 pH 值，待其他试剂完全溶解后，再将硫酸镁缓慢加入其中，否则易析出沉淀。分装于锥形瓶中 115℃高压灭菌 20min。

70. 顶层培养基

（1）顶层琼脂　0.5g 氯化钠，0.6g 优质琼脂粉，加蒸馏水至 100mL。

（2）0.5mmol/L 组氨酸-生物素混合液　D-生物素（MW 244）30.5mg，L-组氨酸（MW155）17.4mg 或 L-盐酸组氨酸（MW 191.17）23.9 mg 溶于 250mL 蒸馏水中。

顶层培养基制备：加热熔化顶层琼脂，每 100mL 顶层琼脂中加 0.5mmol/L 组氨酸-生物素混合液 10mL，混匀，分装于灭菌试管，每管 2~3mL，使用时 48℃水浴中保温。

注：倒底层培养基时，待熔化好的培养基冷却至 45~50℃ 时倒皿，尽可能减少平板表面的水膜，防止上层“滑坡”，能预先在 37℃过夜则更好。

71. 组氨酸-D 生物素平板培养基

（1）V-B 盐储备液（50×）　磷酸氢钠铵（$NaNH_4HPO_4$）17.5g，柠檬酸（$C_6H_8O_7 \cdot H_2O$）10.0g，磷酸氢二钾 50.0g，硫酸镁（$MgSO_4 \cdot 7H_2O$）1.0g；加蒸馏水至 100mL，0.1MPa 20min 灭菌。待其他试剂完全溶解后，再将硫酸镁缓慢加入其中，否则易析出沉淀。

（2）组氨酸-D 生物素平板　1.5%营养肉汤琼脂培养基 914mL，V-B 盐储备液 20mL，40%葡萄糖溶液 50mL，L-盐酸组氨酸（0.404 3g/100mL）10mL，D-生物素溶液（0.02mol/L）6mL，分别灭菌后，全部合并（1 000mL），充分混匀，冷却至 50℃左右时倒平板。

72. 氨苄青霉素平板培养基(保存 TA97，TA98，TA100 菌株的主平板)

1.5%琼脂培养基 914mL，V-B 盐储备液 20mL，40%葡萄糖溶液 50mL，L-盐酸组氨酸(0.404 3g/100mL) 10mL，D-生物素溶液(0.02mol/L) 6mL，0.8%氨苄青霉素溶液 3.15mL。分别灭菌后，全部合并(1 000mL)，充分混匀，冷却至50℃左右时倒平板。

73. 氨苄青霉素-四环素平板培养基(保存 TA102 菌株的主平板)

用 0.8%四环素溶液 0.25mL 替代附录 A72 中的 0.8%氨苄青霉素溶液。

74. 乳清琼脂培养基(用于培养、分离乳酸球菌和杆菌)

乳清 500mL；蒸馏水 500mL；乳水解酪蛋白 5g；葡萄糖 1g；酵母膏 25g；琼脂(处理) 15g；pH 6.5。

若分离、计数乳酸菌可在培养基中加入 1.6%溴甲酚绿(BCG)酒精溶液 1mL。

将上述各成分加热溶解于乳清中，调整 pH 6.5，加入经过处理的琼脂。若制斜面培养基需加热溶解琼脂，分装试管；若制平板培养基可直接移入锥形瓶，并按装量加入 1.5%琼脂，0.07MPa 灭菌 20min，倾注平板。

注：乳清的制备：称取乳清粉 100g 加入 90℃的 1 000mL 蒸馏水中溶解(先将水加热，而后加入乳清粉，以防糊底)。取 6~8mL 的 1mol/L 盐酸溶液倒入上述 1 000mL 乳清粉液中。调 pH 4.5 左右(最好一次调成)，90℃保持 30min，使酪蛋白大量析出凝结成块。用脱脂棉和纱布过滤得到乳清，再用 1mol/L 氢氧化钠溶液将乳清调回 pH 6.5，而后煮沸，再用滤纸过滤，分装于锥形瓶中，0.07MPa 灭菌 20min 备用。

75. 溴甲酚绿(BCG)牛乳琼脂培养基(用于分离乳酸菌)

A 溶液：脱脂乳粉 100g；水 500mL；加入 1.6%溴甲酚绿(BCG)酒精溶液 1mL；0.07MPa 灭菌 20min。

B 溶液：酵母膏 10g；水 500mL；琼脂 15g；溶解后调节 pH 6.8，0.07MPa 灭菌 20min。

以无菌操作趁热将 A、B 溶液混合均匀后倒平板备用。

76. 番茄汁琼脂培养基(用于培养、分离、计数乳酸球菌)

番茄汁原液 30mL；蒸馏水 970mL；蛋白胨 5g；酵母膏 2.5g；葡萄糖 1g；乳水解酪蛋白 5g；琼脂(处理)15g；pH 6.5~6.8。

若分离、计数乳酸菌可在培养基中加入 1.6%溴甲酚紫酒精溶液 1mL；若分离样品污染真菌还应加入 0.15%纳他霉素(事先用 2mL 0.1mol/L 氢氧化钠溶解)。

将除琼脂以外的各成分溶于稀释的番茄汁中(番茄汁先调 pH 6.5~6.8)，分装锥形瓶中，按量加入 1.5%琼脂，0.07MPa 灭菌 20min 后倾注平板备用。

注：番茄汁制法：将新鲜番茄洗净，切碎(切勿捣碎)，放入三角烧瓶，置 4℃冰箱 8~12h，取出后用纱布过滤，分装于锥形瓶中，0.07MPa 灭菌 20min 备用。如一次使用不完，可将其置入 0℃冰箱，可保存 4 个月。使用时让其在常温下自然溶解。

77. 酸化 MRS 琼脂培养基(用于分离、计数乳酸杆菌)

同 MRS 培养基配方(附录 A14)。

将各成分按顺序煮沸溶解后，冷却至 50℃，用醋酸调节 pH 5.4，冷却至室温(25℃)，用酸度计检查，分装锥形瓶中，按量加入 1.5%琼脂，0.07MPa 灭菌 20min 备用。

78. 改良 MRS 琼脂培养基(用于培养、分离、计数乳酸菌)

成分 1：在 1 000mL MRS 培养基中加入 5g 乳酪蛋白水解物，蛋白胨加量减至 5g，其他成分不变。

成分 2：在 1 000mL MRS 培养基中加入 3~4g 玉米浆，0.3~0.4g 半胱氨酸盐酸盐，其他成分不变。

制法同 MRS 培养基配法。

注：若分离乳酸菌应在改良 MRS 琼脂培养基中，临用时加入 2%～3%碳酸钙（事先用硫酸纸包好灭菌）；若待分离样品污染真菌还应加入 0.15%纳他霉素（事先用 2mL 0.1mol/L 氢氧化钠溶解）或加入 0.2%山梨酸或 0.5%山梨酸钾。若计数乳酸菌还应加入 80μg/mL TTC（红四氮唑）指示剂。

79. 察氏液体培养基

硝酸钠 3g；磷酸氢二钾 1g；氯化钾 0.5g；硫酸镁 0.5g；硫酸亚铁 0.01g；蔗糖 20g；蒸馏水 1 000mL。

将上述试剂按顺序溶解后，加入琼脂加热溶化。分装试管，115℃高压灭菌 20min，备用。

80. 麦芽汁种子培养基

麦芽汁加入 0.3%酵母膏，调节 pH 值至 5.0，每个小锥形瓶装入 75mL 液体培养基。

81. 麦芽汁发酵培养基

250mL 锥形瓶中盛入 150mL 8%～12%麦芽汁。

82. PTYG 培养基（双歧杆菌培养基）

胰胨 5g；大豆蛋白胨 5g；酵母粉 10g；葡萄糖 10g；吐温-80 1mL；L-半胱氨酸盐酸盐 0.05g；盐溶液 4mL；蒸馏水 1 000mL。pH 值调至 6.8～7.2，115℃灭菌 15～20min。

盐溶液配方：氯化钙 0.2g；磷酸氢二钾 1.0g；磷酸二氢钾 1.0g；硫酸镁（$MgSO_4 \cdot 7H_2O$）0.48g；碳酸钠 10g；氯化钠 2g；蒸馏水 1 000mL；溶解后备用。

83. YEPD 培养基（用于酿酒酵母种子液制备）

酵母膏 1g；蛋白胨 2g；葡萄糖 2g；蒸馏水定容至 100mL。pH 值自然，121℃灭菌 15min。

84. WL 营养琼脂培养基（用于菌株分离）

酵母浸粉 0.4g；酪蛋白胨 0.5g；葡萄糖 5g；琼脂 1.5g；磷酸二氢钾 0.055g；氯化钾 0.042 5g；氯化钙 0.012 5g；氯化铁 0.000 25g；硫酸镁 0.012 5g；硫酸锰 0.000 25g；溴甲酚绿 0.002 2g；蒸馏水定容至 100mL。pH 5.5，121℃灭菌 15min。

85. McClary 培养基（用于酵母菌产孢）

葡萄糖 0.1g；氯化钾 0.18g；酵母膏 0.25g；醋酸钠 0.82g；琼脂 1.5g；蒸馏水定容至 100mL。121℃灭菌 15 min。

附录B　试剂

1. 无菌生理盐水

氯化钠 8.5g；蒸馏水 1 000mL。

称取 8.5g 氯化钠溶于 1 000mL 蒸馏水中，121℃高压灭菌 15min。

2. 吕氏碱性美蓝染液

A 液：美蓝(methylene blue) 0.6g；95%乙醇 30mL。

B 液：氢氧化钾 0.01g；蒸馏水 100mL。

分别配制 A 液和 B 液，然后混合即可。

3. 齐氏石炭酸复红染色液

A 液：碱性复红(basic fuchsin) 0.3g；95%乙醇 10.0mL。

B 液：石炭酸 5.0g；蒸馏水 95mL。

将碱性复红溶于 95%乙醇中，配成 A 液。将石炭酸溶于蒸馏水中，配成 B 液，将两者混合即成。

4. 革兰染色液

(1)结晶紫染色液

A 液：结晶紫 2g；95%乙醇 20mL。将结晶紫完全溶解于乙醇中。

B 液：草酸铵 0.8g；蒸馏水 80mL。

混合 A 液、B 液，静置 48h 使用。

(2)革兰碘液(亦鲁格尔/卢戈氏碘液)

碘 1g；碘化钾 2g；蒸馏水 300mL。

碘化钾加入蒸馏水少许溶解，将碘加入混合，完全溶解后补足水分。

(3)番红复染液

番红(沙黄，safranine)2.5g；95%乙醇 100mL。

使用时，将上述溶液 10mL 加入 80mL 蒸馏水稀释即可。

5. 孔雀绿染色液

孔雀绿(malachite green) 5.0g；蒸馏水 100mL。

先将孔雀绿研细，少许 95%乙醇溶解，再加蒸馏水。

6. 硝酸银鞭毛染液

A 液：单宁酸 5g；氯化铁 1.5g；1%氢氧化钠 1mL；15%甲醛 2mL；蒸馏水 100mL。

B 液：硝酸银 2g；蒸馏水 100mL。

A 液混合后冰箱冷藏保存 3~7d。B 液使用前取出 10mL，剩余 90mL 硝酸银溶液中滴加氢氧化铵，产生浓厚的悬浮液，直到新形成的沉淀刚刚溶解，取出的 10mL 硝酸银慢慢回滴，直到摇动后出现轻微而稳定的薄雾状沉淀为止，冰箱冷藏保存 10d，出现银盐沉淀，弃用。

7. 0.05%美蓝染色液

美蓝 50mg；0.02mol/L 磷酸缓冲液 100mL(pH 6.0)。

8. 乳酸石炭酸棉蓝染色液

苯酚(石炭酸)20g；乳酸 20mL；甘油 40mL；棉兰 0.05g；蒸馏水 20mL。

先将棉兰溶解于蒸馏水中，再加入其他成分，微热帮助溶解。

9. 甲基红试剂(MR)

甲基红(methyl red)10mg；95%乙醇 18mL；蒸馏水 10mL。

醇溶后加蒸馏水。

10. V-P 试剂(Voges-Proskauer 试剂)

5%α-萘酚溶液：取 α-萘酚 5.0g 溶解于 100mL 无水乙醇中。

40%氢氧化钾溶液：将氢氧化钾 40g 于蒸馏水中溶解并稀释至 100mL。

肌酸结晶。

试验方法：取 1mL 培养物(培养基见附录 A12)转放到一个洁净试管内，加 0.6mL 甲液，摇动。加 0.2mL 乙液，摇动。随意加一点肌酸结晶，4h 后观察结果。阳性结果是呈粉红色。

11. Butterfield 氏磷酸盐缓冲稀释液

在 500mL 蒸馏水中溶解磷酸二氢钾 34.0g，用 1mol/L 氢氧化钠溶液约 175mL 校正 pH 值至 7.2，再用蒸馏水稀释至 1 000mL，制成贮存液于冰箱中贮存。取原液 1.25mL，用蒸馏水稀释至 1 000mL。分装试管，每管 90mL，121℃高压灭菌 15min。

12. 亚硝酸盐试剂

试剂 A：对氨基苯磺酸 8.0g，溶解于 5mol/L 乙酸 1 000mL 中。

试剂 B：α-萘酚 2.5g 溶解于 5mol/L 乙酸 1 000mL 中。

13. 乙醚-乙醇混合液

乙醚 70mL，无水乙醇 30mL，混合，装入双层瓶的下层备用(上层状香柏油)。

14. 碱性复红染色液

取碱性复红 0.5g 溶解于 20mL 乙醇中，再用蒸馏水稀释至 100mL，滤纸过滤后贮存备用。

15. 12%~15%的脱脂乳

脱脂奶粉(可以市售购买或工厂直接购买)12~15g 加入 50℃的温水中溶解，108~115℃湿热灭菌 15~20min 备用。依此法，可以配置不同浓度的脱脂乳。

16. 0.8%氨苄青霉素溶液

称取 40mg 氨苄青霉素，用 0.02mol/L 氢氧化钠溶液 5mL 溶解，4℃保存。

17. 0.8%四环素溶液

称取 40mg 四环素，用 0.02mol/L 盐酸 5mL 溶解，4℃保存。

18. 亚硝基胍(NTG)溶液

用 0.05mL 甲酰胺助溶后，用 pH 6 的 0.1mol/L 磷酸缓冲液配制成下列浓度：50μg/mL、250μg/mL 和 500μg/mL。

19. 氧化酶试剂(即细胞色素氧化酶试剂)

10g/L 盐酸四甲基对苯二胺水溶液/或者 10g/L 盐酸二甲基对苯二胺水溶液。

10g/L α-萘酚乙醇溶液(配置方法见附录 B10)。

将配好后的 10g/L 盐酸四甲基对苯二胺溶液置于密塞棕色玻璃瓶中，于 5~10℃存放，在 7d 之内使用。方法：取白色洁净滤纸沾取菌落。加盐酸二甲基对苯二胺溶液 1 滴，阳性者呈现粉红色，并逐渐加深；再加 α-萘酚溶液 1 滴，阳性者于 0.5min 内呈现鲜蓝色。阴性于两分钟内不变色；也可以直接滴加试剂于被检菌菌落上；或者将滤纸片浸泡于试剂中制成试剂纸片，取菌涂于试剂纸上。

注：实验中切勿使用镍/铬材料。

20. 过氧化氢酶试剂

3%过氧化氢溶液，即用即配。

挑取菌落到洁净试管，加入 2mL 过氧化氢溶液，0.5min 出现起泡者为阳性；也可以用洁净玻片取代试管，滴加 1 滴过氧化氢溶液，0.5min 出现起泡者为阳性。

21. 巴比妥-巴比妥钠缓冲液

分别称取巴比妥 1. 84 g、巴比妥钠 10. 30 g；加蒸馏水溶解，最终定容为 1 000 mL。

22. 含 4%碘的乙醇溶液

先配制 70%的乙醇溶液，称取 4g 碘溶于 100mL 的 70%乙醇中，获得含 4%碘的乙醇溶液。

附录C　MPN检验结果检索表

附表1　大肠菌群最可能数(MPN)检索表

阳性管数			MPN	95%可信限		阳性管数			MPN	95%可信限	
0.10	0.01	0.001		下限	上限	0.10	0.01	0.001		下限	上限
0	0	0	<3.0	—	9.5	2	2	0	21	4.5	42
0	0	1	3.0	0.15	9.6	2	2	1	28	8.7	94
0	1	0	3.0	0.15	11	2	2	2	35	8.7	94
0	1	1	6.1	1.2	18	2	3	0	29	8.7	94
0	2	0	6.2	1.2	18	2	3	1	36	8.7	94
0	3	0	9.4	3.6	38	3	0	0	23	4.6	94
1	0	0	3.6	0.17	18	3	0	1	38	8.7	110
1	0	1	7.2	1.3	18	3	0	2	64	17	180
1	0	2	11	3.6	38	3	1	0	43	9	180
1	1	0	7.4	1.3	20	3	1	1	75	17	200
1	1	1	11	3.6	38	3	1	2	120	37	420
1	2	0	11	3.6	42	3	1	3	160	40	420
1	2	1	15	4.5	42	3	2	0	93	18	420
1	3	0	16	4.5	42	3	2	1	150	37	420
2	0	0	9.2	1.4	38	3	2	2	210	40	430
2	0	1	14	3.6	42	3	2	3	290	90	1 000
2	0	2	20	4.5	42	3	3	0	240	42	1 000
2	1	0	15	3.7	42	3	3	1	460	90	2 000
2	1	1	20	4.5	42	3	3	2	1 100	180	4 100
2	1	2	27	8.7	94	3	3	3	>1 100	420	—

注：1. 本表采用3个稀释度[0.1g(mL)、0.01g(mL)、0.001g(mL)]，每个稀释度接种3管。

2. 表内所列检样量若改为1g(mL)、0.1g(mL)、0.01g(mL)时，表内数字应相应降低10倍；如改用0.01g(mL)、0.001g(mL)、0.000 1g(mL)时，则表内的数字应相应增高10倍，其余类推。

附表 2　蜡状芽孢杆菌 1g 样品中最可能数(MPN)检索表

阳性管数			MPN	95%可信限		阳性管数			MPN	95%可信限	
0.10	0.01	0.001		下限	上限	0.10	0.01	0.001		下限	上限
0	0	0	<3.0	—	9.5	2	2	0	21	4.5	42
0	0	1	3.0	0.15	9.6	2	2	1	28	8.7	94
0	1	0	3.0	0.15	11	2	2	2	35	8.7	94
0	1	1	6.1	1.2	18	2	3	0	29	8.7	94
0	2	0	6.2	1.2	18	2	3	1	36	8.7	94
0	3	0	9.4	3.6	38	3	0	0	23	4.6	94
1	0	0	3.6	0.17	18	3	0	1	38	8.7	110
1	0	1	7.2	1.3	18	3	0	2	64	17	180
1	0	2	11	3.6	38	3	1	0	43	9	180
1	1	0	7.4	1.3	20	3	1	1	75	17	200
1	1	1	11	3.6	38	3	1	2	120	37	420
1	2	0	11	3.6	42	3	1	3	160	40	420
1	2	1	15	4.5	42	3	2	0	93	18	420
1	3	0	16	4.5	42	3	2	1	150	37	420
2	0	0	9.2	1.4	38	3	2	2	210	40	430
2	0	1	14	3.6	42	3	2	3	290	90	1 000
2	0	2	20	4.5	42	3	3	0	240	42	1 000
2	1	0	15	3.7	42	3	3	1	460	90	2 000
2	1	1	20	4.5	42	3	3	2	1 100	180	4 100
2	1	2	27	8.7	94	3	3	3	>1 100	420	—

注：1. 本表采用 3 个稀释度[0.1g(mL)、0.01g(mL)、0.001g(mL)]，每个稀释度接种 3 管。

2. 表内所列检样量若改为 1g(mL)、0.1g(mL)、0.01g(mL)时，表内数字应相应降低 10 倍；如改用 0.01g(mL)、0.001g(mL)、0.000 1g(mL)时，则表内的数字应相应增高 10 倍，其余类推。

附表 3　克罗诺杆菌属最可能数(MPN)检索表

阳性管数			MPN	95%可信限		阳性管数			MPN	95%可信限	
100	10	1		下限	上限	100	10	1		下限	上限
0	0	0	<0. 3	—	0. 95	2	2	0	2. 1	0. 45	4. 2
0	0	1	0. 3	0. 015	0. 96	2	2	1	2. 8	0. 87	9. 4
0	1	0	0. 3	0. 015	1. 1	2	2	2	3. 5	0. 87	9. 4
0	1	1	0. 61	0. 12	1. 8	2	3	0	2. 9	0. 87	9. 4
0	2	0	0. 62	0. 12	1. 8	2	3	1	3. 6	0. 87	9. 4
0	3	0	0. 94	0. 36	3. 8	3	0	0	2. 3	0. 46	9. 4
1	0	0	0. 36	0. 017	1. 8	3	0	1	3. 8	0. 87	11
1	0	1	0. 72	0. 13	1. 8	3	0	2	6. 4	1. 7	18
1	0	2	1. 1	0. 36	3. 8	3	1	0	4. 3	0. 9	18
1	1	0	0. 74	0. 13	2	3	1	1	7. 5	1. 7	20
1	1	1	1. 1	0. 36	3. 8	3	1	2	12	3. 7	42
1	2	0	1. 1	0. 36	4. 2	3	1	3	16	4	42
1	2	1	1. 5	0. 45	4. 2	3	2	0	9. 3	1. 8	42
1	3	0	1. 6	0. 45	4. 2	3	2	1	15	3. 7	42
2	0	0	0. 92	0. 14	3. 8	3	2	2	21	4	43
2	0	1	1. 4	0. 36	4. 2	3	2	3	29	9	100
2	0	2	2	0. 45	4. 2	3	3	0	24	4. 2	100
2	1	0	1. 5	0. 37	4. 2	3	3	1	46	9	200
2	1	1	2	0. 45	4. 2	3	3	2	110	18	410
2	1	2	2. 7	0. 87	9. 4	3	3	3	>110	42	—

注：1. 本表采用 3 个检样量[100g(mL)、10g(mL)和 1g(mL)]，每个检样量接种 3 管。

2. 表内所列检样量如改用 1 000g(mL)、10g(mL)和 1g(mL)时，表内数字应相应降低 10 倍；如改用 10g(mL)、1g(mL)和 0. 1g(mL)时，则表内数字应相应增高 10 倍，其余类推。

附录D　书中出现的菌种中文名称/拉丁文对照表

圆褐固氮菌 *Azotobacter chroococcum*
蜡样芽孢杆菌 *Bacillus cereus*
地衣芽孢杆菌 *B. licheniformis*
巨大芽孢杆菌 *B. megaterium*
胶质芽孢杆菌 *B. mucilaginosus*
枯草芽孢杆菌 *B. subtilis*
纳豆芽孢杆菌 *B. subtilis* subsp. *natto*
苏云金芽孢杆菌 *B. thuringiensis*
热杀索丝菌 *Brochothrix thermosphacta*
梭状芽孢杆菌属 *Clostridium*
肉毒梭状芽孢杆菌 *C. botulinum*
阪崎克罗诺杆菌 *Cronobacter sakazakii*
产气肠杆菌 *Enterobacter aerogenes*
大肠埃希菌 *Escherichae coli*
肠出血性大肠埃希菌 Enterohemorrhagic *E. Coli* (EHEC)
乳酸菌 *Lactic Acid Bacteria*(LAB)
嗜酸乳杆菌 *Lactobacillus acidophilus*
德氏保加利亚乳杆菌 *L. delbeueckii* subsp. *bulgaricus*
单核细胞增生李斯特菌 *Listeria monocytogenes*
伊氏李斯特菌 *Li. ivanovii*
英诺克李斯特菌 *Li. innocua*
藤黄微球菌 *Micrococcus luteus*
变形杆菌 *Proteus vulgaris*
假单胞菌属 *Pseudomonas*
铜绿假单胞菌 *P. aeruginosa*
马红球菌 *Rhodococcus equi*
沙门菌属 *Salmonella*
鼠伤寒沙门菌 *S. typhimurium*
志贺菌属 *Shigella*
鲍氏志贺菌 *S. boydii*
痢疾志贺菌 *S. dysenteriae*
福氏志贺菌 *S. flexneri*
宋内志贺菌 *S. sonnei*
葡萄球菌属 *Staphylococcus*
金黄色葡萄球菌 *S. aureus*
嗜热链球菌 *Streptococcus salivarius* subsp. *thermophilus*
副溶血性弧菌 *Vibrio parahemolyticus*
野油菜黄单胞菌 *Xanthomonas campestris*
放线菌属 *Actinomycete*
链霉菌属 *Streptomyces*
灰色链霉菌 *S. griseus*
甲型肝炎病毒 *Hapatitis* A virus, HAV
半知菌类 Fungi lmperfecti
酵母菌 Yeast
酵母菌属 *Saccharomyces*
啤酒酵母 *S. cerevisiae*
霉菌 mould
丝孢纲 Hyphomycetes
丝孢目 Hyphomycetales
丛梗孢科 Moniliaceae
曲霉属 *Aspergillus*
黄曲霉 *A. flavus*
黑曲霉 *A. niger*
赭曲霉 *A. ochraceus*
米曲霉 *A. oryzae*
毛霉属 *Mucor*
青霉属 *Penicillium*
根霉属 *Rhizopus*

附录 E　微生物实验常用设备介绍

食品微生物实验室布局依据实验内容不同会有细节区别，但其主要实验区域需要划分常规实验区、准备区和洁净区(无菌区)。无菌操作是微生物实验室的重要特点，微生物实验的必备仪器也大都是为了满足这一操作要求。

1. 超净工作台(clean bench)

净化工作台是一种局部层流装置，能在局部形成高洁度的工作环境。它由工作台、过滤器、风机、静压箱和支撑体等组成，采用过滤空气使工作台操作区达到净化除菌的目的。室内空气经预过滤器和高效过滤除尘后以垂直或水平层流状态通过工作台的操作区，由于空气没有涡流，所以，任何一点灰尘或附着在灰尘上的杂菌都能被排除，不易向别处扩散和转移。因此，可使操作区保持无菌状态。

净化工作台优点是工作条件好、操作方便、无菌效果可靠、无消毒药剂对人体危害、占用面积小且可移动等。如果放在无菌室内使用，无菌效果更好。其缺点是价格较贵，预过滤器和高效过滤器还需要定期清洗和更换。

2. 高压蒸汽灭菌器(autoclave)

高压蒸汽灭菌锅主要用于培养基和实验仪器的消毒灭菌。它是一个密闭的、可以耐受一定压力的双层金属锅。锅底或夹层内盛水，当水在锅内沸腾时由于蒸汽不能逸出，使锅内压力逐渐升高，水的沸点和温度可随之升高，从而达到高温灭菌的目的。一般在 0.11MPa 的压力下，121℃ 灭菌 20~30min，包括芽孢在内的所有微生物均可被杀死。如果灭菌物品体积较大，蒸汽穿透困难，可以适当提高蒸汽压力或延长灭菌时间。

高压灭菌锅有卧式、立式、手提式等多种类型，在微生物学实验室，最为常用的是手提式和立式高压蒸汽灭菌锅。和常压灭菌锅相比，高压灭菌锅的优点是灭菌所需的时间短，节约燃料，灭菌彻底等。其缺点是灭菌容量较小。

3. 培养箱(incubator)

培养箱是培养微生物的专用设备。目前，随着科学水平的发展，有各种结构合理、功能齐全的培养箱，如恒温培养箱、恒温恒湿培养箱、隔水式恒温培养箱、霉菌培养箱、生化培养箱、低温培养箱、厌氧培养箱、微生物多用培养箱和二氧化碳培养箱等。制热式培养箱是由电炉丝和温度控制仪合成的固定体积的恒温培养装置，大小规格不一。微生物实验室常用的培养箱工作容积有 $450mm^3 \times 450mm^3 \times 350mm^3$ 或 $650mm^3 \times 500mm^3 \times 500mm^3$，适用于室温至 60℃之间的各类微生物培养。

微生物多用培养箱是集加热、制冷和振荡于一体的微生物液体发酵装置。工作室的温度在 15~50℃范围内任意选定，选定后经温控仪自动控制，保持工作室内恒温。同时，设有可控硅调速系统，振荡机转速可在 1~220r/min 范围内任意调控。

4. 干燥箱(drying oven)

干燥箱是用于除去潮湿物料内及器皿内外水分或其他挥发性溶液的设备。类型很多，有箱式、滚筒式、套间式、回转式等。微生物实验室多用箱式干燥箱，大小规格不一。工作室内配有可活动的铁丝网板，便于放置被干燥的物品。制热升温式干燥箱是由电炉丝和温度控制仪组成，可调节温度从室温至300℃。有的干燥箱采用导电温度计为敏感元件，配合晶体管和继电器组成自动控制系统，克服了金属管型热膨胀控制的缺点。

此外，干燥箱有很多其他的系列，如电热鼓风干燥箱、鼓风干燥箱、电热鼓风烘箱、热风循环烘箱、高温干燥箱还有真空干燥箱(配有真空泵和气压表)，可在常压或减压下操作。

5. 摇床(bottle shaker)

摇床又称摇瓶机，它是培养好气性微生物的小型实验设备或作为种子扩大培养之用。常用的摇床有往复式和旋转式两种。

往复式摇床的往复频率一般在80~140r/min，冲程一般为5~14cm，如频率过快、冲程过大或瓶内液体装量过多，在摇动时液体会溅到包扎瓶口的纱布或棉塞等封口膜上，导致杂菌污染，特别是启动时更容易发生这种情况。

放在摇床上的培养瓶(一般为锥形瓶)中的发酵液所需要的氧是由空气经瓶口包扎的纱布(一般8层)或棉塞通入的，所以氧的传递与瓶口的大小、瓶口的几何形状、棉塞或纱布的厚度和密度有关。在通常情况下，摇瓶的氧吸收系数取决于摇床的特性和锥形瓶的装样量。

往复式摇床是利用曲柄原理带动摇床作往复运动，机身为铁制或木制的长方框子，有1层至3层托盘，托盘上有圆孔备放培养瓶，孔中凸出一个三角形橡皮，用以固定培养瓶并减少瓶的振动，传动机构一般采用二级皮带轮减速，调换调速皮带轮可改变往复频率。偏心轮上开有不同的偏心孔，以便调节偏心距。往复式摇床的频率和偏心距的大小对氧的吸收有明显的影响。

旋转式摇床是利用旋转的偏心轴使托盘摆动，托盘有1层或2层，可用不锈钢板、铝板或木制板制造。旋转式摇床的偏心距一般在3~6cm之间，旋转次数为60~300r/min。其优点是氧的传递较好，功率消耗小，培养基不会溅到摇瓶的纱布上。

6. 显微镜(microscope)

微生物个体微小，必须借助显微镜才能观察清楚它们的个体形态和细胞结构。因此，在微生物学的各项研究中，显微镜就成为不可缺少的工具。

显微镜的种类很多，根据其结构，可以分为光学显微镜和非光学显微镜两大类。光学显微镜又可分为单式显微镜和复式显微镜。最简单的单式显微镜即放大镜(放大倍数常在10倍左右，10×)，构造复杂的单式显微镜为解剖显微镜(放大倍数在200左右，200×)。在微生物学的研究中，主要是复式显微镜。其中以普通光学显微镜(明视野显微镜)最为常用。此外，还有暗视野显微镜、相差显微镜、荧光显微镜、偏光显微镜、紫外光显微镜和倒置显微镜等。非光学显微镜为电子显微镜。

7. pH计(pH meter)

pH计是一种常用的仪器设备，又名酸度计，主要用于测定溶液pH值。pH计能在pH 0~14范围内使用。与酸碱指示剂试纸相比，pH计更为精密。

8. 天平(balance)

天平是实验室中常用的仪器。目前有普通天平、分析天平、电子天平、常量分析天平、微量分析天平、半微量分析天平等。

微生物实验室需配置分析天平和感量为0.1g和0.01g的天平。

附录F 常用玻璃器皿的清洗和包扎

在进行实验操作的时候常用到玻璃器皿，如培养皿、锥形瓶、量筒、试管等。玻璃器皿在灭菌前必须经过正确的洗涤和包扎，以保证玻璃器皿灭菌后不被外界杂菌所污染，仍保持无菌状态。

1. 新购的玻璃器皿的洗涤

将器皿放入2%盐酸溶液中浸泡数小时，以除去游离的碱性物质，最后用流水冲净。对容量较大的器皿，如大烧瓶、量筒等，洗净后注入浓盐酸少许，转动容器使其内部表面均沾有盐酸，数分钟后倾去盐酸，再以流水冲净，倒置于洗涤架上晾干，即可使用。

2. 常用旧玻璃器皿的洗涤

确实无病原菌或未被带菌物污染的器皿，使用前后，可按常规用洗衣粉水（洗涤液）进行刷洗，有的实验需要蒸馏水或者重蒸水浸泡器皿，依据实验需求完成器皿洗涤；吸取过化学试剂的吸管，先浸泡于清水中，待到一定数量后再集中进行清洗。

3. 带菌玻璃器皿的洗涤

凡实验室用过的菌种以及带有活菌的各种玻璃器皿，必须实验结束后立即经过高温灭菌或消毒后才能进行刷洗。

（1）带菌培养皿、试管、锥形瓶等物品，做完实验后放入消毒桶内，用0.1MPa灭菌20~30min后再刷洗。含菌培养皿的灭菌，底盖要分开放入不同的桶中，再进行高压灭菌。

（2）带菌的吸管、滴管，使用后不得放在桌子上，立即分别放入盛有3%~5%来苏水（主要成分为甲基苯酚）或5%石炭酸（即苯酚）或0.25%新洁尔灭溶液的玻璃缸（筒）内消毒24h后，再经0.1MPa灭菌20min后，取出冲洗。

（3）带菌载玻片及盖玻片，使用后不得放在桌子上，立即分别放入盛有3%~5%来苏水或5%石炭酸或0.25%新洁尔灭溶液的玻璃缸（筒）内消毒24h后，用夹子取出经清水冲干净。

如用于细菌染色的载玻片，要放入50g/L肥皂水中煮沸10min，然后用肥皂水洗，再用清水洗干净。最后将载玻片浸入95%乙醇中片刻，取出用软布擦干，或晾干，保存备用。

（4）含油脂带菌器材要单独高压灭菌，0.1MPa灭菌20~30min，趁热倒去污物，倒放在铺有吸水纸的支撑物上，用100℃烘烤0.5h，用5%的碳酸氢钠水煮2次，再用肥皂水刷洗干净。

洗涤后的器皿应达到玻璃壁能被水均匀湿润而无条纹和水珠。

4. 器皿包扎

（1）培养皿　洗净的培养皿烘干后每10套（或根据需要而定）叠在一起，用牢固的纸卷成一筒，装入特制的铁桶中/或用绳子、橡皮筋等捆扎，以免散开，然后进行灭菌。

目前，有使用聚丙烯灭菌袋代替报纸或牛皮纸；也有聚丙烯的已灭菌培养皿可供选择。

（2）移液管（transfer pipette，也称为吸管）　洗净烘干后的吸管，在吸口的一端用尖头镊子或针塞入少许脱脂棉花，以防止在使用时造成污染。塞入的棉花量要适宜，棉花不宜露在吸管口的外面，多余的棉花可用酒精灯火焰烧掉。每支吸管用1条宽4~5cm的纸条，以30~50℃的角度螺旋形卷起来，吸管的尖端在头部，另一端用剩余的纸条打成一结，以防散开，标上容量，若干支吸管包扎成一束进行灭菌，使用时，从吸管中间拧断纸条，抽出吸管。移液管包扎方法见附图 1。

目前，有很多便捷的已灭菌一次性塑料吸管，方便但是成本较高。

（3）试管和锥形瓶　普通试管一般为玻璃材质，规格以外径（mm）×长度（mm）表示，如 15×150、18×180、20×200 等。离心管以容量毫升数表示，离心管有玻璃和聚丙烯材质两类。锥形瓶，也称为三角瓶、三角烧瓶，微生物学实验中一般用作盛放培养基质或培养微生物的容器。

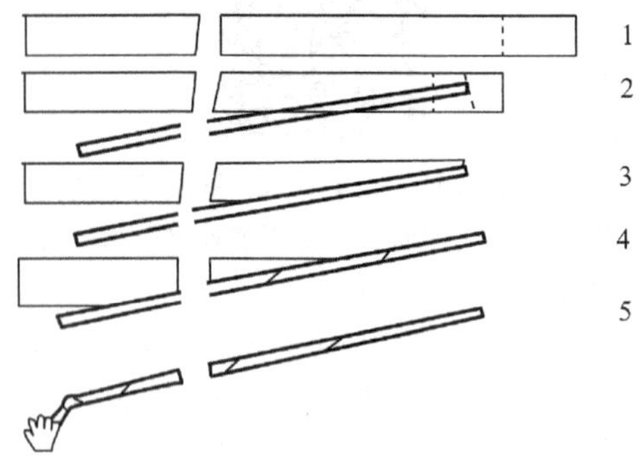

附图 1　单只移液管的包扎方法

（1 到 5 表示时间顺序）

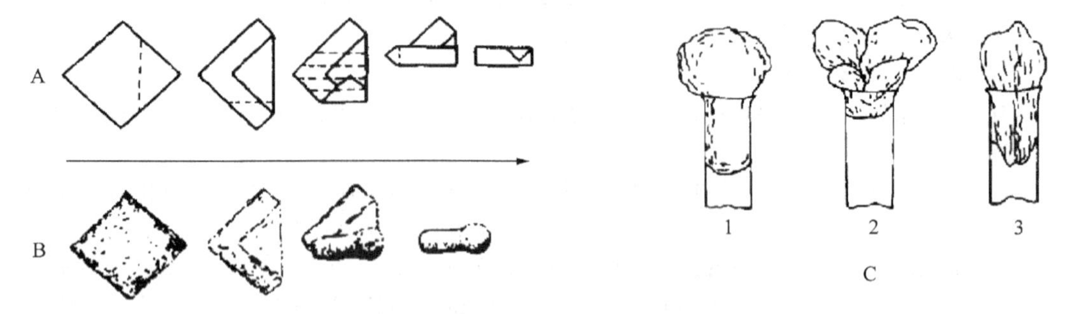

附图 2　棉塞的制作及使用方法

A. 棉塞制作示意图　B. 棉塞制作图例　C. 棉塞使用方法

（1. 正确方法；2、3. 均为不正确方法）

试管和锥形瓶都需要做合适的棉塞，棉塞的作用有两个：一是阻止外界微生物进入培养基内，防止由此引起的污染；二是保证培养时有良好的通气性，因此棉塞的好坏对实验的结果将有所影响。棉塞一般不宜用脱脂棉，因为它宜吸水变湿，造成污染。制作棉塞时，要求棉花紧贴玻璃壁，没有皱纹和缝隙，松紧适宜。过紧易挤破管口和不易塞入；过松易掉落和污染。棉塞的长度不小于管口直径的 2 倍，加塞时，棉塞总长的 2/3 在容器内，1/3 在容器外。制作过程见附图 2。将若干支试管扎成捆，上面包一层牛皮纸，锥形瓶加塞后同样也包上牛皮纸，然后用绳扎好，这样可以防止灭菌时冷凝水的沾湿和灭菌后灰尘侵入。

市场销售的有不同规格的硅胶塞和橡胶塞，还有各种可灭菌薄膜可供选择。

附录 G　食品科学与工程专业必备基本实验技能案例

“学以致用”是实验/实践性科学的基本要求，因此，无论是步入社会开展微生物学相关工作，如新食品产品开发、食品营养与安全检测，还是进行硕士/博士相关学科深造，都需要切实掌握基本微生物实验技术，尤其是了解实验要点，即便不需要考核，有些操作也是进入微生物学领域的必备技能！考核测试是学习成果检验的有效途径，也是检测机构人员入职考核的关键环节，特精选如下几个案例以资参考。

首先，进入考核地点需要了解“微生物实验十条守则”，穿着洁净合身的白大褂，长发束结。进入考场，见面“问好”后仔细听题，考核过程中认真倾听考官指令，理解哪一步骤需要口述，哪一步骤主要考核目标是过程，哪一步骤主要考核目标是结果等，做到考前心中有数。特殊不认识的仪器需要考试前适时请教考官确认材料，考试开始后尽量不主动问任何问题；考核完成后整理台面，确认考核结束互致“再见”离开。后期按要求查询考核结果或等候通知。

本部分列出三个具体实验考核的案例。

案例一　革兰染色制片观察(参考实验 1、2、5、6)

题目：依据提供的实验材料[菌种(纯菌或混菌)，酒精灯，接种针/环，镊子，玻片架，肾形盘/洗盘，载玻片(可提前浸泡在 95% 酒精中)，染液，二重瓶(可以替换)，洗瓶，吸水纸，擦镜纸，70%酒精棉球，废液缸等]，在 10min 内完成革兰染色，观察结果并进行记录。同时回答老师的提问。

答案：

实验步骤：① 确认材料 → ② 擦拭台面、点酒精灯→ ③ 制片(涂片、干燥、固定)→ ④ 革兰染色 → ⑤ 关酒精灯→ ⑥ 镜检→ ⑦ 整理

要点解析：

1. ② 擦拭台面、点酒精灯　用镊子取 1～2 个酒精棉球，瓶壁稍挤压掉多余酒精擦拭手和台面，废弃棉球放入废液缸；轻摇酒精灯，保证其中酒精的量，打开酒精灯盖放置操作区(火焰三角区)之外，观察灯芯保证其可以产生正常火焰，点燃酒精灯。⑤ 关酒精灯　全程不需要无菌操作或火焰加热时关闭酒精灯，酒精灯盖反复盖两次，然后将酒精灯放回原处。

2. ③制片(涂片、干燥、固定)　放好肾形盘，摆好玻片架，用镊子从玻片缸中取出 1 块载玻片，过酒精灯火焰快速挥干酒精，滴一小滴生理盐水(或蒸馏水)于玻片中央，无菌操作情况下用接种环从菌种斜面上挑取少许菌苔于液滴中，混匀并涂成薄膜；通过自然干燥或通过酒精灯火焰烘干固定。注意接种的量、火焰干燥和固定的力度。

Q1：为什么要固定菌体？目的是使细胞质凝固，以固定细胞形态，使其牢固附着在载玻片上，同时还可以杀死菌体，固定细胞结构，增强菌体与染料的亲和力，温度不宜过高，防止改变甚至破坏细胞形态。

3. ④革兰染色　依据标准时间染色(具体步骤参考本书实验)，每次用洗瓶冲洗可以将废液先收集于肾形盘中，最后统一处理，注意冲洗力度。自然干燥或者用吸水纸吸干(不能擦拭)，完全干燥后镜检。

Q1：革兰染色最重要的是哪一步？95%的酒精脱色，陈述过量或不足对结果的影响。

Q2：简述革兰染色原理。最主要依据 G^+、G^-菌细胞壁结构的不同，革兰阳性细菌细胞壁的肽聚糖层比较厚，经乙醇处理后使之发生脱水作用而使孔径缩小，通道弯曲，结晶紫与碘的复合物保留在细胞内不被脱色；革兰阴性菌的肽聚糖层很薄，脂类含量高，经乙醇处理后孔径增大可使结晶紫与碘

的复合物通过，因而脱色；同时从电荷角度，阳性菌 PI2～3，阴性菌 PI4～5，在相同 pH 条件下，阳性菌带负电荷更多，与带正电荷的结晶紫染料结合更牢固一些；还有，阳性菌胞内较多的核糖核酸镁盐也有一定作用。

Q3：影响革兰染色因素有哪些？样品本身的因素(如果菌龄过大，可能会出现假阴性)；操作因素(涂片到染色的所有步骤)。

4. ⑥镜检　有菌体的一面向上放置玻片，调节双目显微镜以适应瞳距，选择放大倍数，调节光源等，看清视野后，移开镜头滴加香柏油，转换到油镜观察，镜检后三步法擦拭镜头，并依序收纳显微镜。具体步骤参考本书实验。

Q1：什么情况下使用油镜观察菌体？油镜可以将样本放大 1 000 倍，一般用于观察细菌个体形态，大小为微米级的生物比较合适；像酵母菌个体大小 10 倍于细菌，一般普通光镜即可观察。

Q2：油镜观察后如何清理？描述三步法擦拭。

案例二　微生物接种技术(参考实验 11、13、14、23)

题目：依据提供的实验材料(试管及平板菌种、试管含液体菌液，酒精灯，接种针/环，已灭菌的固体斜面和半固体试管，已灭菌的培养基平板，已灭菌的液体培养基，1mL 灭菌枪头、移液枪，镊子，70%酒精棉球，废液缸等)，在 10min 内完成 2～3 种(表 1)指定的菌种转接，并进行培养。同时回答老师的提问。

表 1　菌种转接的类型

来源	接种方式	目的	一般仪器
试管菌种	转接到斜面试管中	培养/理化检测/保藏	接种环
	转接到半固体试管中	兼厌菌培养/理化检测	接种针
	转接到固体平板中	培养/理化检测/分离纯化	接种环
	转接到液体试管/三角瓶中	培养/富集/理化检测	接种环
平板菌种	转接到斜面试管中	保藏	接种环
	转接到半固体试管中	理化检测	接种针
	转接到固体平板中	分离纯化	接种环
	转接到液体三角瓶中	富集	接种环
液体菌种	转接到斜面试管中	保藏	接种环
	转接到固体平板中	分离纯化	接种环/移液枪
	转接到液体三角瓶中	培养/富集	移液枪

答案：

实验步骤：① 确认材料 → ② 擦拭台面、点酒精灯→ ③ 标记→ ④ 转接 → ⑤ 关酒精灯→ ⑥ 培养 → ⑦ 整理

要点解析：

1. ② 擦拭台面、点酒精灯　用镊子取 1 个酒精棉球，瓶壁稍挤压掉多余酒精擦拭台面，废弃棉球放入废液缸；震荡酒精灯，保证其中酒精的量，打开酒精灯盖放置操作区(火焰三角区)之外，观察灯芯保证其可以产生正常火焰，点燃酒精灯。⑤ 关酒精灯　全程不需要无菌操作或火焰加热时关闭酒精灯，酒精灯盖反复套盖两次，然后将酒精灯放回原处。

2. ③标记　用记号笔标记样本名、姓名、日期及处理方法(参考实验 12)

Q1：为什么实验要及时标记？避免参数、处理不同时本人实验的混淆，或者后期共用设备时难以

准确查找。注意：即时标记，选择合适的记号笔，并对应实验的原始记录。

3. ④转接　试管→试管，注意查看试管标记，注意试管的拿法，可以大拇指和其他四指并排掌握两个试管(也可以每次单独拿一个试管，依据习惯和熟练程度选择)，斜面面向操作者并位于水平位置，先拧松试管塞，然后充分灼烧接种针(比对进入试管的长度)，打开试管塞，同时灼烧试管口，再次灼烧接种针头，贴试管内壁冷却后刮取菌苔，小心拿出，转接到另一个试管中，在斜面上波浪纹(之字形)划线，再次灼烧试管口盖好试管塞，最后充分灼烧接种针放回原处；试管→半固体试管接种，先核查试管标记和接种针直挺度，注意试管垂直，无菌条件接种针头挑取菌苔，小心拿出垂直半固体培养基试管中心点穿刺，并小心原路退出接种针，其他同上；试管→平板四分区划线法，注意查看平板标记，注意平板的拿法，可以并排同时拿试管和平板(也可以每次单独拿试管/平板完成，依据习惯和熟练程度)，拧松试管塞、灼烧接种针、打开试管塞、灼烧试管口等步骤同上。打开平板的缝隙以能够进行划线操作为宜，将沾有菌种的接种针迅速伸入平板内，分区划平行线或之字形线，依据接种量大小确定每次划线后是否灼烧接种针，最后充分灼烧接种针放回原处；试管→三角瓶接种，一般挑取一个菌落接种到适量液体培养基中(定性)，大多数需要进行固体培养基菌苔制备菌悬液，然后依据液体菌种→三角瓶接种方法完成，注意移液枪的使用方法(定量)。

Q1：为什么要拧松试管塞？便于同时拿多个试管的后续操作。

Q2：为什么灼烧接种针？都是完成无菌操作的步骤需求。接触菌种前灼烧，避免接种针带来的污染；试验后灼烧，避免本次实验的样本扩散或后续污染；四分区划线法中间灼烧接种针，使初始接种量较高的菌种增大稀释倍数，更好获得单菌落。

Q3：分离纯化培养有哪些方法？平板划线法、稀释分离法、单细胞挑取法等。

Q4：有哪些灭菌方法，我们用到哪一种？我们使用了灼烧灭菌方法，70%酒精的表面消毒法；其他灭菌方法还有干热灭菌(160~170℃加热1~2h)、高压蒸汽灭菌(121℃，15~20min)、过滤除菌等。

案例三　样本十倍梯度稀释并倾注平板培养微生物(参考实验23、26、29)

题目：依据提供的实验材料(牛奶或其他样本，已灭菌融解好的固体培养基，已灭菌的平板、培养皿，已灭菌的9mL的生理盐水试管若干于试管架上，1mL灭菌枪头、移液枪，酒精灯，吸水纸，镊子，70%酒精棉球，废液缸等)，在10min内完成样本10倍梯度稀释到某稀释度，取1mL或0.5mL某稀释度样本，采用倾注法倒平板，培养观察并记录结果。同时回答老师的提问。

答案：

实验步骤：① 确认材料(可能有干扰项)→② 擦拭台面、点酒精灯→③ 标记→④ 稀释→⑤ 接种→⑥倾注平板→⑦关酒精灯→⑧整理

要点解析：

1. ② 擦拭台面、点酒精灯　用镊子取1个酒精棉球，瓶壁稍挤压掉多余酒精擦拭台面，废弃棉球放入废液缸；震荡酒精灯，保证其中酒精的量，打开酒精灯盖放置操作区(火焰三角区)之外，观察灯芯保证其可以产生正常火焰，点燃酒精灯。⑦ 关酒精灯　全程不需要无菌操作或火焰加热时关闭酒精灯，酒精灯盖套盖两次，然后将酒精灯放回原处。

2. ③标记　用记号笔标记样本名、姓名、日期及处理方法(参考实验12)

3. ④稀释　10倍梯度，核查试管稀释度标记，取移液枪调整刻度，握枪在枪头盒中旋转拧紧取枪头，无菌操作开试管塞、灼烧管口后吸取1mL的菌液，沿试管壁注入标注10^{-1}试管中，盖好试管塞，放入试管架，弃枪头到废液缸。震荡均匀10^{-1}试管再从中吸取1mL稀释液注入10^{-2}试管中，依此类推达到考官要求的稀释度。

Q1：为什么要换枪头？提高稀释的精准度，避免某一次污染误差的传递。

4. ⑤接种　选取合适的稀释度，调整移液枪刻度，无菌操作吸取要求的接种量转接到已灭菌的平板底部中央，盖好皿盖，样本试管还原。

5. ⑥倾注平板 即倒/铺平板等，灭菌的平板放在火焰旁边(或手持于火焰三角区)，另一只手拿锥形瓶，打开瓶塞后，将瓶口通过火焰灼烧，将培养基倒入平板，注意三角瓶与平板不要接触碰撞，盖好皿盖，小心平置混匀，平板冷却凝固后倒放备用。

Q1：倒平板温度大约多少度？培养基冷却至46~55℃均可，一般触手不烫，可掌握即可。琼脂凝固的临界温度是45~46℃。

Q2：细菌、霉菌、酵母培养温度有什么不同？一般而言细菌37℃；放线菌、酵母菌、霉菌在26~30℃，不过具体菌株有所不同，一般参考手册或文献确定。

Q3：什么时候需要倒置培养，为什么？一般细菌、酵母菌、部分放线菌可以倒置培养，主要是防止冷凝水滴落影响结果，同时可以防止培养基的水分过度蒸发；产生孢子的真菌可正置培养，防止倒置时孢子扩散影响实验结果。

以上实验如果在超净台中测试，考场会完成“打开超净台、灭杀超净台及准备到工作状态”的步骤，因为时间关系，会要求考生口述完成该部分测试。还要注意的是生物安全柜或无菌环境中实验，如果不需灼烧杀菌，可以不使用酒精灯，最好考生本人对生物安全柜、超净工作台、无菌实验环境等要了解，不要追问考官。

学习完本书的实验，可能就明白每个实验都有需要考核的要点，关键要点无外乎“无菌操作的处理”“操作中的个人误差的最小化”“实验前后顺序的逻辑自洽”三部分。如果每次实验中问自己为什么要这样做？每一个实验模块在整体实验中有什么意义？如此，必定会在任何考察中均立于不败之地。

祝大家学习顺利、考核顺利！